Entwicklung eines Schwachgasbrenners basierend auf der Flammlosen Oxidation zur Optimierung einer Vorofenfeuerung und thermischen Verwertung von biogenen Reststoffen im dezentralen Bereich

Von der Fakultät Energie-, Verfahrens- und Biotechnik
der Universität zur Erlangung der Würde eines Doktors der
Ingenieurwissenschaften (Dr.-Ing.) genehmigte Abhandlung

vorgelegt von

Anja Schuster

aus Plauen

Hauptberichter: Prof. Dr. G. Scheffknecht
Mitberichter: Prof. Dr. H. Seifert

Tag der mündlichen Prüfung: 2. August 2011

Institut für Feuerungs- und Kraftwerkstechnik (IFK)
der Universität Stuttgart

2011

Bibliografische Information der Deutschen Nationalbibliothek
Die Deutsche Nationalbibliothek verzeichnet diese Publikation in der Deutschen Nationalbibliografie; detaillierte bibliografische Daten sind im Internet über http://dnb.d-nb.de abrufbar.
1. Aufl. - Göttingen : Cuvillier, 2011
Zugl.: Stuttgart, Univ., Diss., 2011

978-3-86955-951-3

Dissertation der Universität Stuttgart - D93

Nonnenstieg 8, 37075 Göttingen
Telefon: 0551-54724-0
Telefax: 0551-54724-21
www.cuvillier.de

1. Auflage, 2011
Gedruckt auf säurefreiem Papier

978-3-86955-951-3

Für meine Familie

Vorwort

Die vorliegende Arbeit entstand während meiner Tätigkeit als wissenschaftliche Mitarbeiterin am Institut für Feuerungs- und Kraftwerkstechnik (IFK) der Universität Stuttgart. Sie wurde innerhalb des 6. EU-Forschungsrahmenprogramms in dem Projekt „New burner technologies for processes in biorefineries“ (SES6-CT-2003-502812) gefördert. Ich danke der Europäischen Kommission für die finanzielle Unterstützung und die Bereitstellung der notwendigen Mittel zur erfolgreichen Durchführung der Arbeit.

Die wissenschaftliche Betreuung erfolgte durch den Institutsleiter, Herrn Prof. Dr. techn. Günter Scheffknecht. Ihm möchte ich für die Möglichkeit der Erstellung der Arbeit, die wertvollen Anregungen und die kritische Durchsicht des Manuskripts sowie die Übernahme des Hauptberichts danken. Mein Dank gilt auch Herrn Prof. Dr.-Ing. Helmut Seifert für das entgegengebrachte Interesse und die Übernahme des Mitberichts.

Besonders bedanken möchte ich mich bei dem ehemaligen Leiter der Abteilung Dezentrale Energieumwandlung Dr. Roland Berger, der stets für fachliche Diskussionen zur Verfügung stand und meine Arbeit durch seine konstruktiven Anregungen bereicherte.

Zum Gelingen dieser Arbeit hat darüber hinaus eine Vielzahl an Mitarbeitern des Instituts beigetragen. Besonders bedanken möchte ich mich bei Frau Dipl.-Ing. (FH) Sylvia Urbanek und Herrn Dipl.-Ing. Mariusz Zieba, die mich mit Fleiß und Geduld bei den Versuchen mitunter bis spät in die Nacht tatkräftig unterstützten. Herrn Dipl.-Ing. Mariusz Zieba möchte ich außerdem herzlich für die Durchführung der erforderlichen Simulationsrechnungen danken.

Für die Unterstützung beim Auf- und Umbau der Versuchsanlage sowie dem Bau der Brenner gilt mein besonderer Dank dem Team der IFK-Werkstatt unter Leitung von Herrn Herbert Höll, ohne die das experimentelle Arbeiten am IFK nicht denkbar wäre. Nicht unerwähnt soll auch die Unterstützung von Seiten des Sekretariats bei allen administrativen Aufgaben bleiben.

Allen Mitarbeitern am IFK danke ich sehr für die gute Zusammenarbeit, die stets große Hilfsbereitschaft und das hervorragende Arbeitsklima unter den Kollegen.

Mein Dank gilt auch Herrn Dr.-Ing. Joachim G. Wünning, Geschäftsführer der Firma WS Wärmeprozesstechnik GmbH, für den wertvollen Erfahrungsaustausch und die konstruktiven Anregungen bei der Entwicklung der Versuchsbrenner.

Schließlich gilt ein ganz besonderer Dank meinen Eltern, die mir durch ihre finanzielle Unterstützung mein Studium und damit meine Promotion erst ermöglichten. Meiner Familie, meinen Freunden und vor allem meinem Mann Ronny möchte ich für ihr Verständnis, ihre unendliche Geduld und Zuversicht danken.

Inhaltsverzeichnis

Abbildungsverzeichnis

Tabellenverzeichnis

Nomenklatur

Größen

Lateinische Symbole	*Einheit*	*Beschreibung*
c	mg/m^3	Konzentration
c_M	mol/m^3	molare Konzentration
d	mm	Durchmesser
H	MJ/m^3 bzw. MJ/kg	Heizwert
k	-	Index
K_V	-	Rezirkulationsrate
$\dot{M}$	kg/h	Massenstrom
M_M	g/mol	Molmasse
n	-	Stichprobenumfang (Anzahl Messungen)
$\dot{Q}$	kW	Wärmeleistung
r	-	Wiederholbarkeit
R	%	Rezirkulationsrate
s	-	Standardabweichung
t	-	Wert der t-Verteilung
T	°C	Temperatur
$\dot{V}$	m^3/h	Volumenstrom
$\dot{V}_G$	m^3/h	Volumenstrom des feuchten Rauchgases
$\dot{V}_{GT}$	m^3/h	Volumenstrom des trockenen Rauchgases
V_{LT}	m^3/kg	auf die Brennstoffmasse bezogenes trockenes Verbrennungsluftvolumen
V_{LoT}	m^3/kg	auf die Brennstoffmasse bezogenes trockenes Verbrennungsluftvolumen bei stöchiometrischer Verbrennung
V_{mol}	l/mol	molares Volumen
w	kg/kg	Wassergehalt
x	kg/kg	Massenkonzentration
$\overline{x}$	-	arithmetischer Mittelwert
X	mol/mol	Konversionsrate
y	m^3/m^3	Volumenkonzentration
Z	m^3/m^3	spezifische Gasmenge

Griechische Symbole	*Einheit*	*Beschreibung*
λ	-	Luftzahl

Indizes

Index	*Beschreibung*
AG	Abgas
AGR	Abgasrezirkulation
B	Bezugszustand
BG	Brenngas
BS	Brennstoff
C	Kohlenstoff
f	feucht
ges	gesamt
H	Wasserstoff
H_2O	Wasser
i	Gaskomponente
i.N.	im Normzustand
k	Index
inert	inert
L	Luft
m	Messzustand
min	mindest
M	Molar
N	Stickstoff
NH_3	Ammoniak
NO	Stickstoffmonoxid
PG	Produktgas
PL	Primärluft
prim	primär
rezi	rezirkuliert
S	Schwefel
SL	Sekundärluft
T	trocken
TFN	Total-Fuel-Nitrogen
tr	trocken
u	unterer

Abkürzungen

Abkürzung	*Beschreibung*
an	Analysenzustand
AGR	Abgasrezirkulation
BHKW	Blockheizkraftwerk
CFD	Computational Fluid Dynamics
COSTAIR	continued staged air
EBU	Eddy Break-Up
EDC	Eddy Dissipation Concept
FLOX	Flammlose Oxidation
HiTAC	High Temperature Air Combustion
IFRF	International Flame Research Foundation
IFK	Institut für Feuerungs- und Kraftwerkstechnik
IVD	Institut für Verfahrenstechnik und Dampfkesselwesen
GuD	Gas- und Dampfturbine
KWK	Kraft-/Wärmekopplung
LIPF	Laser-induzierte-prädissoziative Fluoreszenz
LNI	Low NOx Injection
MILD	Moderate and Intense Low Oxygen Dilution
MSW	Municipal Solid Waste
NDIR	nichtdispersiv Infrarot
PDF	Probability Density Function
RDF	Refuse Derived Fuels
SCR	Selective Catalytic Reduction
SNCR	Selective Non Catalytic Reduction
TFN	Total-Fuel-Nitrogen
tr	trocken
waf	wasser- und aschefrei
WD-RFA	Wellenlängen-Dispersive-Röntgen-Fluoreszenz-Analyse
wf	wasserfrei

Abstract

The substitution of fossil fuels by renewables is one way to contribute to a sustainable energy supply. Renewables had a share of 6.7 % of the total primary energy consumption in Germany in 2007. Biomass is the most important energy source among the renewables with a share of 5.1 % of the primary energy consumption. Although, the share of renewables is still relatively low, it has grown considerably in the last years from 2.6 % in 2000 to 6.7 % in 2007 due to several aid programmes in Germany. A further growth is expected due to national and European goals to increase the share of renewables in final energy consumption to 20 % in 2020. Longterm, the share of renewables shall be increased even to 50 %. In order to achieve these ambitious goals not only high-quality biomass but also biogenic residues and waste will play an important role in energy production from renewables.

Besides already used biomass sources, e.g. firewood, wood residues from wood processing industry, treated wood, and partly straw, other biomass sources and biogenic residues, e.g. timbered wood residues, lop, residues from roadside, biogenic residues from agriculture as well as energy crops, are still unused. In Germany about 550 PJ of biogenic residues and waste are available for energy production each year. This could cover about 4 % of the current primary energy demand. The growing interest in utilization of these low-grade biomass sources is not only because of their availability but also due to their low prices. As a result of the high demand of wood both for material and energetic utilization as well as the limited availability of high-quality biomass, the fuel costs increased rapidly in the last years. However, high fuel costs prevent an economic operation of combustion plants, and thus the utilization of low-cost biomass resources becomes necessary. Reasons for the still limited exploitation of these biomass sources are the high costs of the conversion technologies for heat and power generation. These biomasses cannot be utilized in conventional combustion plants for wood without additional adaptations due to their different physical and chemical properties compared to wood.

The combustion of non-woody biomass can lead to major problems during operation due to their low ash melting temperature. Biomasses with a low ash melting temperature should therefore be combusted at low temperatures in order to prevent ash melting during operation. However, low combustion temperatures can in turn lead to high CO emissions. One of the possibilities to utilize these low-grade biomasses is with the staged combustion technique. Here, the solid biomass is firstly degasified at low temperatures and subsequently the product gas is combusted at high temperatures. However, a stable combustion of these product gases in a conventional burner requires at least a calorific value of 5 MJ/m^3.

Furthermore, non-woody biomass and residues are often characterized by high contents of nitrogen or other harmful elements (e.g. chlorine, sulphur). Without additional adaptations at the combustion plant or further flue gas treatment the utilization of these biomasses can lead to high emissions of pollutants. As an example, the combustion of straw in a conventional

combustion plant can lead to NOx emissions between 300 and 800 mg/m^3. The reduction of NOx is one of the major challenges for the energetic utilization of nitrogen-rich biomass.
The aim of this thesis is to apply the innovative combustion technology Flameless Oxidation (FLOX®) for the utilization of low-grade biomass. FLOX®-burners are already commercially available for natural gas and are specifically used in high temperature processes. The Flameless Oxidation of natural gas is hereby characterized by low CO and NOx emissions, which are caused by a strong internal flue gas recirculation. A further advantage of the FLOX®-technology is the high combustion stability, even for low-grade gaseous fuels with varying compositions.
Changes in fuel quality (e.g. heating value and water content) can lead to insufficient flame stability and high emissions of pollutants during the combustion of low-grade biomasses. A way to overcome these problems for the energetic utilization of low-grade biomass in small and medium-scale applications (< 1 MW_{th}) could be the application of FLOX®-burners. Therefore, the focus of this work is to develop a FLOX®-burner for a low calorific value gas generated from low-grade biomasses and to integrate this burner in a conventional dual-chamber furnace.
In this thesis a conventional dual-chamber furnace designed for wood chips and applying air staging was initially tested for its suitability for non-woody biomass. Optimization strategies have been identified to adapt the dual-chamber furnace for the utilization of non-woody biomass. Subsequently, a FLOX®-burner for the low calorific value gases generated in the pre-gasifier of the dual-chamber furnace has been developed and tested to evaluate the potential of the FLOX®-technology for the utilization of non-woody biomass in a dual-chamber furnace. The development was focused on the reduction of NOx emissions during the combustion of nitrogen-rich biomasses. During the experimental programme possible optimizations of the FLOX®-burner design and operation window have been identified and investigated with respect to the combustion stability and emission of pollutants. The optimization of the burner design was supported by analyses from CFD simulations.
First combustion tests with wood chips have confirmed their suitability as a fuel in the conventional dual-chamber furnace. However, the utilization of non-woody biomass, here wheat husks and rape cake, is restricted. Both the fuel treatment (small particle size) as well as the fuel composition (nitrogen and ash-melting elements) lead to operational problems like non-uniform degasification in the pre-gasifier, ash agglomerations at the grate, and high NOx emissions. These problems can be limited by adequate fuel preparation and pre-treatment, respectively. For example, a suitable fuel particle size can be provided by pelletization. An increase of the ash melting temperature can be achieved by addition of additives (e.g. lime) to the fuel. However, a reduction of NOx emissions by stronger air staging cannot be realized at the tested facility. The reduction of the air ratio in the pre-gasifier had to be counterbalanced by an increase of secondary air in order to ensure a complete burnout. Unfortunately, with an increase of the secondary air amount the flame hits the water-cooled back wall of the boiler.

This early quench of the flame leads to high carbon monoxide emissions during the operation. Furthermore, high fluctuations in the flue gas composition, even at constant operation conditions, were observed for all investigated fuels. This is probably caused by highly changing degasification conditions in the pre-gasifier. A uniform fuel distribution on the grate cannot be guaranteed due to the small plant size; consequently, fluctuations in the flue gas composition are the result of the unsteady feeding of new fuel in the pre-gasifier. However, in a commercial plant these fluctuations in the flue gas composition can be avoided by an appropriate fuel feeding and if further necessary by an adequate secondary air control.

In further tests with a first FLOX®-burner prototype, specially designed for the dual-chamber furnace and installed in the original burnout zone of the furnace, it was shown that the periodic fluctuations in the product gas composition can be well compensated for by the burner without secondary air control. Furthermore, a stronger air staging can be realized in the furnace as flame quenching at the water-cooled boiler walls can be prevented due to the compact burner design. However, the NOx emissions cannot be reduced even at stronger air staging conditions.

CFD simulation results of the FLOX®-burner prototype generated with the AIOLOS programme were used to identify simplifications of the burner design that were later confirmed by further burner tests. Additionally, based on the CFD simulation results important design criteria for the FLOX®-burner were identified. Also, the existence of a distinctive flue gas recirculation zone in the burner chamber for the FLOX® operation in part load was shown.

Further combustion tests with the reference fuel, wood chips, and the non-woody fuels, rape cake pellets and wheat pellets, were carried out using a second FLOX®-burner prototype with a simplified design. Firstly, it was shown that an undisturbed operation can be obtained by pelletizing the biogenic residues or by addition of lime to the wheat pellets. Similar to the test with the first FLOX®-burner prototype a stronger air staging in the furnace can be realized. However, the reduction of NOx emissions by a stronger air staging can only be observed for tests with wood chips.

In the following table the CO and NOx emissions under optimal operation conditions as well as the operation window of the dual-chamber furnace, both for the conventional flame burnout and for the specially designed and integrated FLOX®-burner, are listed for the combustion of the tested biogenic residues.

Overview of CO and NOx emissions for the combustion of biogenic residues under optimal operation conditions in a dual-chamber furnace with and without an integrated FLOX®-burner

	Emissions in $mg/m^3_{stp, dry}$ (@ 13 % O_2)				O_2-level in flue gas in Vol-%$_{dry}$	
	CO		NOx		(lower limit)	
fuel	**flame**	**FLOX®**	**flame**	**FLOX®**	**flame**	**FLOX®**
Wood chips	~ 200	< 30	~ 200	100 – 150	7	3
Rape cake pellets	u. o.	< 30	u. o.	800 – 950	u. o.	3 – 4
Wheat husks *	100 - 200	< 30	350	500 – 600	7	3 – 4
Wheat pellets	n. t.	< 30	n. t.	600 – 800	n. t.	4

* - problems with ash agglomeration on the grate; u. o. - unstable operation; n. t. - not tested

The integration of a FLOX®-burner in the dual-chamber furnace is beneficial both for regarding the CO and NOx emission levels and the operation at lower excess air in case of wood chips combustion. For the combustion of wheat husks the CO emission level can be reduced by the integrated FLOX®-burner. However, higher NOx emissions are measured for tests with the integrated FLOX®-burner compared to tests with the conventional dual-chamber furnace. Although rape cake pellets and wheat pellets were not tested in the conventional dual-chamber furnace, similar results are expected. It can be assumed that also for these biogenic residues the CO emissions can be reduced to a low level by the integration of a FLOX®-burner. However, it can be expected that the NOx emissions cannot be reduced for these nitrogen-rich fuels by the integration of a FLOX®-burner, as already shown for the combustion of wheat husks. The operation of the dual-chamber furnace at lower excess oxygen has been shown for all tested residues when a FLOX®-burner is integrated in the dual-chamber furnace.

The product gas generated in the pre-gasifier has been characterized for all tested residues. The calorific value of the product gases is very low (Hu < 2.0 MJ/m^3), and even at under-stoichiometric conditions in the pre-gasifier oxygen is still present in the product gas. The external recirculation of flue gas to the pre-gasifier in order to achieve better degasification conditions in the pre-gasifier had no positive effect on the product gas quality or the NOx emission level.

For further characterization of the product gas generated from the nitrogen-rich residues and for a better understanding of the NOx formation process the NOx precursors ammonia (NH_3) and hydrogen cyanide (HCN) in the product gas as well as the already formed nitrogen monoxide (NO), all together summarized as Total-Fuel-Nitrogen (TFN), have been determined. It has been shown that a higher nitrogen content in the fuel leads to a high TFN content in the product gas. Higher conversions of fuel-nitrogen to TFN were observed for tests with external flue gas recirculation. The air ratio in the pre-gasifier has no significant influence on the release of TFN from the fuel-nitrogen.

The NOx emission level for the combustion of the product gases in the FLOX®-burner is mainly defined by the content of TFN in the product gas. With an increasing content of TFN in the product gas the NOx concentration in the flue gas increases. However, the conversion of NOx precursors to NO decreases with increasing contents of NH_3 and HCN in the product gas. Thus, even at high TFN contents in the product gas, as measured for the tests with external flue gas recirculation, similar NOx levels have been observed as for tests without an external flue gas recirculation. A reduction of the air ratio in the pre-gasifier has a positive influence on the conversion of TFN to NO and the conversion decreases.

Summarizing, the results have shown that the original partition in a degasification and an oxidation zone in the dual-chamber furnace is not sufficient for the combustion of nitrogen-rich residues. The NOx reduction potential is minimal due to the high excess air and the low residence time of the gases in the pre-gasifier that inhibits the reduction of NOx precursors. For the utilization of nitrogen-rich fuels a further reduction zone will be necessary between the degasification and oxidation zones. Thereby, a high conversion of fuel-nitrogen to gaseous NOx precursors has to be provided in the degasification zone. The release of NOx precursors increases with increasing temperature, as known from literature. However, for the design of the pre-gasifier, it has to be considered that many of the non-woody residues are characterized by a low ash melting temperature and thus high temperatures in the pre-gasifier will lead to ash agglomerations on the grate in the pre gasifier.

The additional reduction zone could, for example, be integrated in the FLOX®-burner. Further, research is necessary to define optimal conditions regarding stoichiometry, temperature, residence time, and mixing quality for such a staged FLOX®-burner in order to achieve best results regarding the emission of pollutants. A staged FLOX®-burner could not be tested here as understoichiometric conditions cannot be realized in the first stage of the burner due to the low quality of the product gas generated in the pre-gasifier. However, it can be assumed that better degasification conditions can be realized in bigger installations and thus a staged FLOX®-burner could be tested there in the future.

1 Einleitung

1.1 Ausgangssituation

Die Substitution der fossilen Brennstoffe durch erneuerbare Energien ist einer der Wege zu einer nachhaltigen Energieversorgung beizutragen. Der Anteil erneuerbarer Energien am Gesamtprimärenergieverbrauch lag im Jahr 2007 in Deutschland bei 6,7 %. Den bedeutendsten erneuerbaren Energieträger stellte hierbei die Biomasse mit 5,1 % am Primärenergieverbrauch dar. Etwa 55 % Wärme, 30 % Kraftstoffe und 15 % Strom wurden bezogen auf die Endenergie aus Biomasse (einschließlich Deponie- und Klärgas sowie der biogene Anteil des Abfalls) erzeugt. Bei der Wärmeerzeugung spielen vorrangig feste Biomassen (größer 90 %) und nur untergeordnet flüssige Biomassen und biogene gasförmige Brennstoffe (kleiner 10 %) eine Rolle. Dagegen werden bei der Stromerzeugung mehr als 50 % flüssige Biomassen und Biogas und nur etwa 49 % feste Biomassen eingesetzt (Bild 1.1). [1]

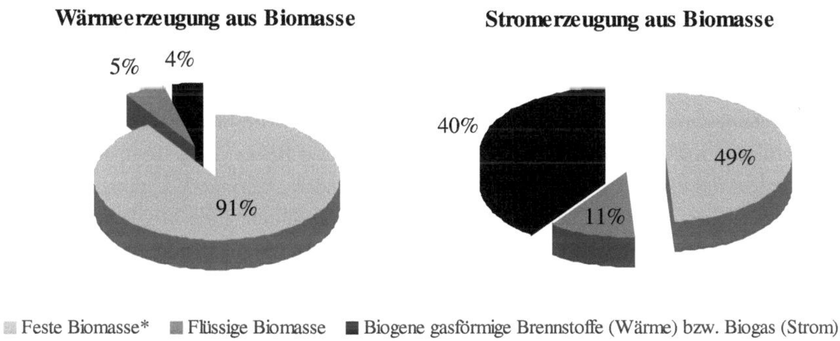

Bild 1.1 Wärme- und Stromerzeugung aus Biomasse (* einschließlich biogener Abfall) [1]

Obwohl der Anteil erneuerbarer Energien am Gesamtprimärenergieverbrauch noch relativ gering ist, hat er aufgrund der guten Förderbedingungen (z. B. durch das Erneuerbare-Energien-Gesetz und das Marktanreizprogramm für Erneuerbare Energien) in den vergangenen Jahren deutlich zugenommen und ist von 2,6 % im Jahr 2000 auf 6,7 % im Jahr 2007 gestiegen [1]. Mit einem weiteren Zuwachs ist aufgrund der nationalen und europäischen Vorgaben und den Zielen zur Erhöhung des Anteils von Erneuerbaren Energien auf 20 % des Endenergieverbrauchs in 2020 zu rechnen. Langfristig soll der Anteil sogar auf 50 % ansteigen. Einen nicht unerheblichen Anteil wird dabei die Biomasse und nicht zuletzt auch biogene Reststoffe und Abfälle liefern müssen.

Neben den bereits heute genutzten Biomassen, wie z. B. Brennholz, Holzreste aus der holzverarbeitenden Industrie, Altholz und teilweise Stroh, bleiben andere Biomassen und biogene Reststoffen, wie z. B. Waldrestholz, Grünschnitt, Straßenbegleitgrün, biogene Rückstände aus der Landwirtschaft sowie Energiepflanzen, bisher noch ungenutzt. Das für die energetische Nutzung jährlich verfügbare Potenzial an biogenen Reststoffen und Abfällen beträgt in Deutschland bis zu 550 PJ und könnte mit rund vier Prozent einen nicht unerheblichen Anteil des derzeitigen Primärenergiebedarfs decken [1]. Das Interesse an der energetischen Nutzung dieser eher minderwertigen Biomassen steigt aber auch aufgrund dessen, dass diese Reststoffe zu relativ niedrigen Preisen erhältlich sind. Durch den erhöhten Bedarf an Holz, sowohl zur stofflichen als auch zur energetischen Verwertung, sowie die limitierte Verfügbarkeit hochwertiger Biomasse sind die Brennstoffkosten in den letzten Jahren mitunter erheblich gestiegen. Hohe Brennstoffkosten behindern aber einen wirtschaftlichen Betrieb und der Einsatz kostengünstigerer Biomassepotentiale wird notwendig. Gründe für die bisher noch geringe Ausschöpfung dieses Biomassepotentials liegen u. a. in den hohen Kosten für die Konversionstechnologien zur Wärme- und Stromerzeugung. Da sich die nicht-holzartigen Biomassen mitunter in erheblichem Maße in ihrem physikalischen und chemischen Eigenschaften von Holz unterscheiden, können diese Biomassen nicht ohne weiteres in konventionellen Biomassekonversionsanlagen genutzt werden.

So kann die Verbrennung von nicht-holzartiger Biomassen aufgrund ihrer geringen Ascheerweichungstemperatur im Anlagenbetrieb zu erheblichen Problemen führen. Biomassen mit geringem Ascheschmelzpunkt sollten daher möglichst bei geringen Temperaturen verbrannt werden, um ein Aufschmelzen der Asche zu verhindern. Geringe Verbrennungstemperaturen können aber wiederum zu erhöhten CO-Emissionen führen. Eine Möglichkeit zur Nutzung von Biomassen mit niedriger Ascheschmelztemperatur ist die gestufte Verbrennung, bei der die festen Biomassen zunächst bei niedrigen Temperaturen entgast und anschließend bei hohen Temperaturen verbrannt werden. Bedingung für die Verbrennung in einem konventionellen Brenner ist, dass das entstandene Entgasungsgas einen ausreichenden Heizwert ($Hu > 5\ MJ/m^3_{i.N.}$) aufweist, um stabil verbrannt werden zu können.

Weiterhin sind nicht-holzartige Biomassen und Reststoffen oft durch hohe Gehalte an Stickstoff u. a. Schadkomponenten (Chlor, Schwefel etc.) gekennzeichnet. Ohne Anpassungen an der Konversionstechnologie und zusätzlichen Reinigungsmaßnahmen kann der Einsatz dieser Biomassen zu erhöhten Emissionen führen. So wurden z. B. bei der Verbrennung von Stroh, Gras und Miscanthus NOx-Emissionen zwischen 300 bis 800 mg/m^3 gemessen [2]. Die Reduktion von NOx ist eines der Hauptthemen bei der energetischen Nutzung von Biomasse, besonders bei stickstoffreichen Biomassen.

1.2 Aufgabenstellung und Zielsetzung

Ziel der vorliegenden Arbeit ist es, eine innovative Verbrennungstechnologie, die Flammlose Oxidation (FLOX® - eingetragenes Warenzeichen der Fa. WS Wärmeprozesstechnik GmbH), aus dem Bereich fossiler Brennstoffe zu nutzen und für den Einsatz von biogenen Brennstoffen anzupassen. FLOX®-Brenner für Erdgas sind bereits kommerziell verfügbar und finden besonders in Hochtemperaturprozessen ihre Anwendung. Die Flammlose Oxidation von Erdgas ist hierbei gekennzeichnet durch niedrige Emissionen an CO und NOx bedingt durch eine starke interne Rauchgasrezirkulation. Als weiterer Vorteil der FLOX®-Technik ist neben den niedrigen Schadstoffemissionen aber auch die hohe Verbrennungsstabilität selbst bei niedriger Brenngasqualität und schwankender Gaszusammensetzung zu nennen.

Bei der Verbrennung von minderwertigen Biomassen können die stark wechselnden Brennstoffqualitäten (z. B. Heizwert und Wassergehalt) zu einer unzureichenden Flammenstabilität und hohen Emissionen in Verbrennungsanlagen führen. Durch Einsatz eines FLOX®-Brenners könnten diese Probleme bei der energetischen Nutzung von minderwertiger nicht-holzartiger Biomasse im Leistungsbereich kleiner 1 MW_{th} überwunden werden. Im Rahmen der Arbeit soll daher ein Brenner für biogene Schwachgase basierend auf der Flammlosen Oxidation entwickelt und in eine Vorofenfeuerung integriert werden, um die energetische Nutzung von nicht-holzartiger Biomasse mit minderer Qualität bei gleichzeitig geringen Schadstoffemissionen zu ermöglichen.

Zunächst soll untersucht werden, inwieweit eine konventionelle Vorofenfeuerung, die das Konzept der gestuften Verbrennung realisiert und für die Verbrennung von Holzhackschnitzeln ausgelegt wurde, bereits für den Einsatz von nicht-holzartiger Biomasse geeignet ist. Hierbei sollen gegebenenfalls Optimierungsmöglichkeiten identifiziert werden, die eine Nutzung nicht-holzartiger Brennstoffe in einer Vorofenfeuerung ermöglichen können. Anschließend soll ein FLOX®-Brenner für die im Vorofen entstehenden Entgasungsgase entwickelt und getestet werden, um das Potential der FLOX®-Technik für die Nutzung nicht-holzartiger Biomassen in einer Vorofenfeuerung zu bewerten. Der Fokus soll hierbei auf der Minderung der NOx-Emissionen bei Einsatz stickstoffreicher Biomassen liegen. Möglichkeiten zur Optimierung des FLOX®-Brennerdesigns und -betriebs hinsichtlich der Verbrennungsstabilität und Schadstoffemissionen sollen identifiziert und unter Verwendung von rechnergestützten Simulationsrechnungen und experimentellen Ergebnissen untersucht werden.

2 Kenntnisstand

2.1 Biogene Reststoffe

2.1.1 Aufkommen und Potenzial

Deutschland verfügt insgesamt über 17 Mio. ha landwirtschaftlich genutzte Fläche, wovon 12 Mio. ha als Ackerfläche und 5 Mio. ha als Grünlandfläche genutzt werden. Weiterhin umfassen die Wälder in Deutschland eine Fläche von 11 Mio. ha. Von den 12 Mio. ha Ackerfläche stehen langfristig Flächen von 2 bis 3,5 Mio. ha für die energetische Nutzung von Biomasse zur Verfügung. Dies entspricht abhängig von den Flächenerträgen einem Gesamtenergieertrag von 360 bis 800 PJ pro Jahr. Hinzu kommt ein Potential von 100 PJ pro Jahr aus der Grünlandfläche. Aus der Forstwirtschaft wurden bisher durchschnittlich 136 PJ der Holzmengen pro Jahr energetisch genutzt. Schätzungen zufolge stehen weitere 65 bis 116 PJ pro Jahr als technisch nutzbares Potential zur Verfügung. Neben den forst- und landwirtschaftlichen Biomassen können auch biogene Rest- und Abfallstoffe energetisch genutzt werden und stellen im Vergleich zu den forst- und landwirtschaftlichen Biomassen ein nicht unerhebliches Potential von 550 PJ pro Jahr dar. In Bild 2.1 sind die verschiedenen Rest- und Abfallstoffe und deren Bedeutung am Energiepotential zusammengefasst. [1]

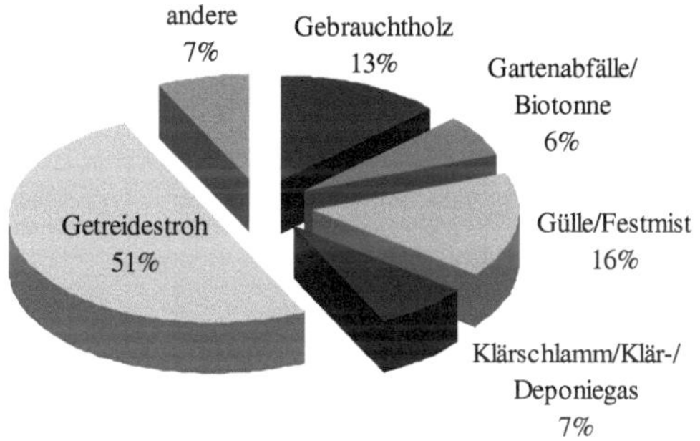

Bild 2.1 Zusammensetzung des biogenen Rest- und Abfallstoffpotentials [1]

In Summe belaufen sich die zukünftigen technischen Biomassepotentiale somit auf 1.210 bis 1.700 PJ pro Jahr, wovon allein 30 bis 45 % der Gesamtenergie durch biogene Rest- und Abfallstoffe bereitgestellt werden können. Im Hinblick auf den derzeitigen Primärenergiebedarf von 14.500 PJ pro Jahr in Deutschland könnte die Biomasse einen Anteil von 8 bis 12 % bzw. Rest- und Abfallstoffe einen Anteil von 4 % stellen. [1]

Eine besondere Bedeutung kommt den biogenen Rest- und Abfallstoffen durch die zunehmende Konkurrenz zwischen stofflicher Nutzung des Holzes und direkter energetischer Nutzung zu. Auch innerhalb der energetischen Nutzung konkurrieren die Pfade Wärmeerzeugung, Stromerzeugung und zukünftig wahrscheinlich auch noch die Erzeugung von Biokraftstoffen der 2. Generation. Es gilt daher, zukünftig sämtliche Biomassepotentiale auszunutzen und verstärkt auch biogene Rest- und Nebenstoffe sowie Ganzpflanzen zu verwerten und soweit möglich die Flächenerträge zu erhöhen. [1]

2.1.2 Charakterisierung biogener Reststoffe

Biogene Festbrennstoffe lassen sich nach unterschiedlichen Kriterien einteilen. Aktuell laufende Normierungsarbeiten zur Klassifizierung von festen Biobrennstoffen führten z. B. zur Einteilung der biogenen Festbrennstoffe nach deren Herkunft (Bild 2.2) [3]. Weiterhin lassen sich die Biomassen in Rückständen, Nebenprodukten und Abfällen (kurz: biogene Reststoffe) sowie speziell angebauten Energiepflanzen unterscheiden. Die biogenen Reststoffe können dabei sowohl in der Forst- und Landwirtschaft als auch in der holzverarbeitenden und Lebensmittelindustrie anfallen.

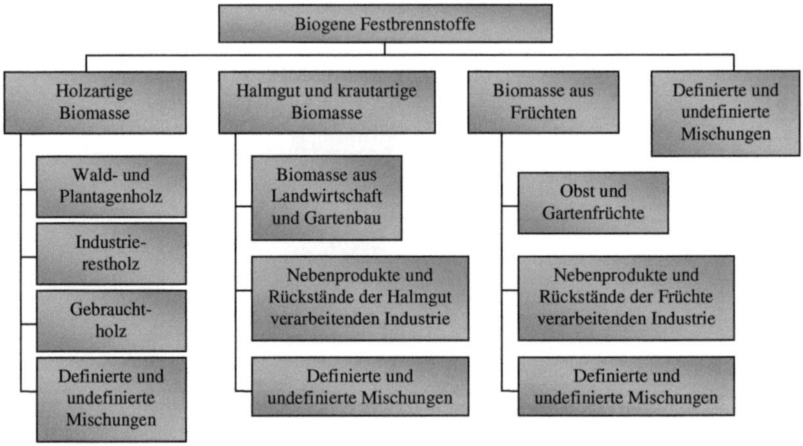

Bild 2.2 Einteilung biogener Festbrennstoffe [3] (nach prCEN TS 14961 [4])

Holzartige Biomassen sind in ihrer chemischen Zusammensetzung und ihrem Heizwert bezogen auf asche- und wasserfreien Brennstoff sehr ähnlich. Sie können sich aber stark in ihrem Asche- und Wassergehalt unterscheiden. Hohe Aschegehalte können u.a. aus Verunreinigung mit Fremdstoffen, wie z. B. Erde und Steine, resultieren. Der Wassergehalt von holzartigen Biomassen wird u. a. durch den Zeitpunkt der Fällung und der Dauer der Lagerung beeinflusst.

Nicht-holzartige Biomasse (Gräser, Straßenbegleitgrün, Stroh, Getreide, Olivenkerne etc.) können große Unterschiede in ihrer chemischen Zusammensetzung, ihrem Asche- und Wassergehalt, ihrem Ascheschmelzverhalten, ihrem Heizwert sowie ihren physikalischen Eigenschaften aufweisen. In Tabelle 2.1 sind einige relevante Brennstoffeigenschaften von holzartigen und nicht-holzartigen (halmgutartigen) Biomassen zusammengefasst.

Tabelle 2.1 Brennstoffeigenschaften von holzartigen und halmgutartigen Biomassen [7]

Brennstoffeigenschaft	Holzartige Biomasse	Halmgutartige Biomasse
Elementarzusammensetzung		
C in Ma-% (wf)	47-50	41-47
H in Ma-% (wf)	5-7	5-7
O in Ma-% (wf)	42-45	37-42
N in Ma-% (wf)	0,15-0,55	0,4-0,85
S in Ma-% (wf)	0,02-0,05	0,05-0,09
Cl in Ma-% (wf)	0,004-0,01	0,2-0,5
K in Ma-% (wf)	0,1-0,4	0,8-1,7
Brennstofftechn. Eigenschaften		
Hu in MJ/kg (wf)	18-19	16-18
Wasser in Ma-%	12-50	8-20
Flüchtige in Ma-% (wf)	80-84	75-78
Asche in Ma-% (wf)	0,6-2,0	5-7
Ascheerweichungspunkt in °C	1300-1450	950-1050

So sind z. B. einige nicht-holzartige Biomassen durch einen hohen Gehalt an Stickstoff, Chlor, Schwefel und/oder Kalium gekennzeichnet. Ein weiteres Merkmal vieler nicht-holzartiger Biomassen ist die geringe Schütt- und damit Energiedichte sowie mitunter ein hoher Asche- und Wassergehalt. Aschegehalte von Reisschalen liegen z. B. zwischen 18 und 25 Ma-% [5] im Vergleich zu naturbelassenem Holz mit kleiner 1 Ma-%.

2.2 Biogene Reststoffe zur Wärme- und Strombereitstellung

Für die Nutzung von Biomassen stehen verschiedene Konversionstechnologien zur Verfügung, deren Auswahl sich einerseits durch die Qualität des Einsatzstoffes und andererseits durch die gewünschte Nutzenergie bzw. das gewünschte Endprodukt bestimmen. Bei den thermo-chemischen Verfahren unterscheidet man zwischen Verbrennung, Vergasung und Pyrolyse. Abhängig vom ausgewählten Anlagentyp sowie der Qualität der Biomassen bedürfen die Einsatzstoffe einer mehr oder weniger aufwendigen Aufbereitung bevor sie entweder in einstufigen oder mehrstufigen Verfahren zur Erzeugung von Wärme und Strom eingesetzt werden können (Bild 2.3). Wie bereits im vorangegangenen Kapitel erläutert, können sich biogene Reststoffe erheblich in ihren Brennstoffeigenschaften unterscheiden und erfordern daher eine entsprechende Berücksichtigung bei der Auswahl bzw. Auslegung der Konversionsverfahren. In den folgenden Kapiteln soll daher auf den Einfluss und die Auswirkungen der Brennstoffeigenschaften bei der thermo-chemischen Umwandlung eingegangen und geeignete Verfahren zur Nutzung biogener Reststoffe am Beispiel der Verbrennung und Vergasung vorgestellt werden.

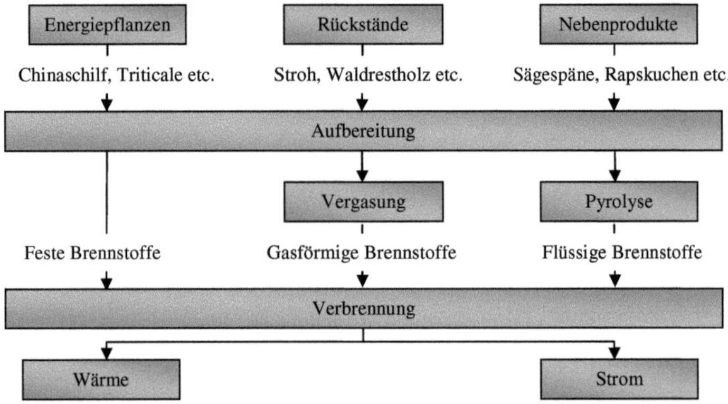

Bild 2.3 Bereitstellung von Wärme und Strom aus Biomasse mittels thermo-chemischer Verfahren

2.2.1 Besonderheiten bei der energetischen Nutzung von biogenen Reststoffen

Die physikalischen und chemischen Eigenschaften von biogenen Reststoffen haben einen großen Einfluss auf die Wahl der Konversionstechnologien sowie auf die notwendigen Vor- bzw. Nachbehandlungsverfahren. Im Folgenden soll der Einfluss der verschiedenen Eigenschaften auf den Anlagenbetrieb sowie auf die Höhe der Schadstoffemissionen beschrieben werden [5]-[7].

Wassergehalt: Hohe Wassergehalte im Brennstoff verringern den Heizwert und führen zu niedrigeren Verbrennungstemperaturen. Wirkungsgradverluste und erhöhte Rauchgasmengen sind das Resultat von hohen Wassergehalten und führen u. a. zu einer größeren Dimensionierung der Rauchgasreinigungsanlagen.

Aschegehalt und -zusammensetzung: Ein hoher Aschegehalt in biogenen Reststoffen führt zu Ablagerungen im Feuerraum und in den Wärmeübertragern und erhöht den Reinigungsaufwand und die Gefahr von Betriebsstörungen. Außerdem ist bekannt, dass ein hoher Gehalt an Asche auch zu hohen Staubemissionen führen kann [8]. Ein hoher Gehalt an Kalium senkt den Ascheschmelzpunkt und kann zur Schlackebildung im Brennstoffbett bzw. zur Bett-Agglomeration bei Wirbelschichten führen.

Störstoffe: Hohe Gehalte an Störstoffen können Blockaden in den Dosiereinrichtungen oder direkt in der Anlage verursachen und führen zu einem erhöhten Wartungsaufwand.

Gehalt an emissionsrelevanten Elementen: Hohe Gehalte an Stickstoff, Schwefel, Fluor und Chlor im Brennstoff erhöhen die Emissionen an Stickstoffoxiden (NO, NO_2), Schwefeloxiden (SO_2, SO_3), Fluorwasserstoff (HF) bzw. Chlorwasserstoff (HCl) sowie Dioxinen und Furanen (PCDD/PCDF). Der Einfluss des Stickstoffgehaltes auf die NOx-Emissionen ist in Bild 2.4 für ausgewählte stickstoffreiche Biomassen am Beispiel einer 49 kW Hackschnitzelfeuerung gezeigt [8]. Zusätzlich erhöhen Schwefel und Chlor das Korrosionsrisiko.

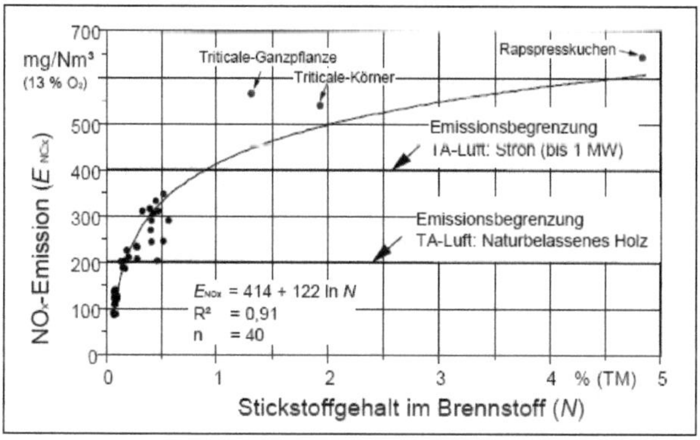

Bild 2.4 Einfluss des Stickstoffgehalts im Brennstoff auf die NOx-Emissionen am Beispiel einer 49 kW Hackschnitzelfeuerung [8]

Korngröße und -verteilung: Die Partikelform und -verteilung beeinflussen die Rieselfähigkeit des Brennstoffs und können Grund für Blockaden in den Dosiereinrichtungen sein. Außerdem fördert ein hoher Feinanteil im Brennstoff die Staubemissionen.

Schütt- und Energiedichte: Aufgrund geringer Schütt- und Energiedichten der Brennstoffe sind große Lagerkapazitäten an der Anlage notwendig. Unter Umständen ist eine Anpassung der Fördertechnik erforderlich.

2.2.2 Verbrennung

Die Verbrennung ist eine seit langem eingesetzte Technologie zur thermischen Nutzung von fester Biomasse. In den bestehenden Anlagen wird bisher größtenteils Holz eingesetzt, da es hinsichtlich seines Verbrennungs- und Emissionsverhaltens keine hohen Ansprüche an die Verbrennungstechnik stellt. Mit zunehmender energetischer Nutzung von Holz wird aber die Konkurrenz zur stofflichen Nutzung ansteigen und damit die Wirtschaftlichkeit von Holzfeuerungen leiden. Um den Anteil von Biomasse bei der Bereitstellung von Wärme und Strom weiter zu erhöhen, müssen zukünftig auch bisher ungenutzte Biomassepotentiale ausgeschöpft werden. Ein erhebliches Potential stellen die biogenen Reststoffe aus der Forst- und Landwirtschaft sowie aus der holzverarbeitenden und Lebensmittelindustrie dar. Die Nutzung dieser Biomassen stellt aber hohe Anforderungen an die Feuerungsanlagen und entsprechende Anpassungen der Anlagentechnik sind bei Einsatz biogener Reststoffe unabdingbar.
Im Folgenden sollen verschiedene Feuerungsanlagen beschrieben werden, die für den Einsatz biogener Reststoffe zur Wärme- und Stromerzeugung getestet wurden bzw. bereits eingesetzt werden. Ebenso werden potentielle Anlagentypen aus dem Kleinfeuerungsbereich vorgestellt, auch wenn bisher nur eine eingeschränkte Palette an Biomassen im Geltungsbereich der 1. BImSchV [9] zugelassen ist. Diese Feuerungsanlagen werden hauptsächlich zur Erzeugung von Wärme und Heißwasser eingesetzt.

Automatischer Pelletofen: Automatische Pelletöfen kleiner Leistung sind hauptsächlich im häuslichen Bereich zu finden. Pelletöfen für Holzpellets sind jedoch nur bedingt für die Nutzung nicht-holzartiger Biomassen geeignet. Spezielle Anpassungen in der Anlagentechnik sind notwendig, um biogene Reststoffe nutzen zu können. Zahlreiche Autoren haben die Eignung verschiedener Pelletöfen für den Einsatz nicht-holzartiger Biomassen untersucht [10]-[16]. Dabei wurden Strohpellets, Miscanthuspellets, Maisschnitzel, Getreide, Getreideausputz u. a. Biomassen getestet. Die Ergebnisse zeigen, dass die Nutzung einiger nicht-holzartiger Biomassen in konventionellen Pelletöfen möglich ist, aber zu erhöhten Emissionen führt. Speziell angepasste Pelletöfen ermöglichen einen Betrieb bei reduzierten Emissionen. Brennstoffbedingte Emissionen (NOx, HCl, Staub) liegen aber weiter auf einem hohen Niveau.

Vorofenfeuerung: Vorofenfeuerungen sind im Leistungsbereich von 10 kW bis 6 MW zu finden. Vorofenfeuerungen bestehen aus einem Vorofen und einem Heizkessel (Bild 2.5). Im Vorofen wird der Brennstoff unter Luftmangel entgast sowie der entstehende Koks vergast. Das Brenngas gelangt über ein Flammrohr oder einen Feuerkanal in den Heizkessel, wo durch Zugabe von Sekundärluft das Brenngas vollständig abbrennt. Vorofenfeuerungen sind für Brennstoffe in pelletierter oder brikettierter Form geeignet [6]. Für den Einsatz von Brennstoffen mit niedrigem Ascheschmelzpunkt kann eine Brennraum-Kühlung vorgesehen werden.

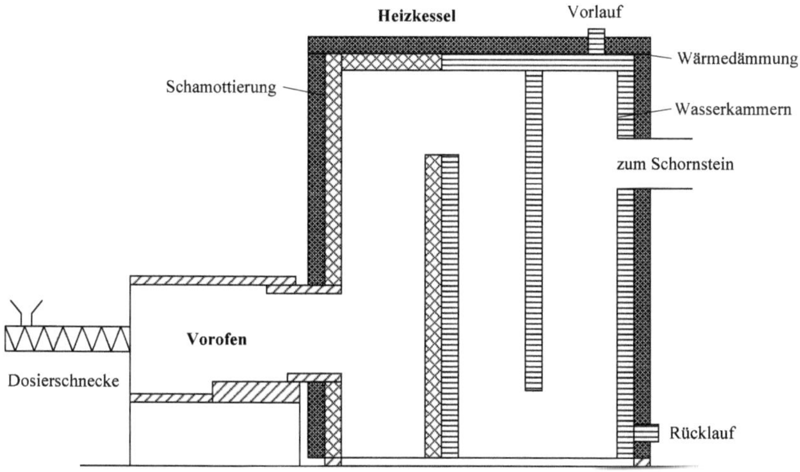

Bild 2.5 Grundprinzip der Vorofenfeuerung [6]

Unterschubfeuerung: Unterschubfeuerungen werden im Leistungsbereich bis 5 MW angeboten und sind für Brennstoffe in pelletierter oder brikettierter Form mit niedrigem Aschegehalt geeignet. Der Brennstoff wird von unten in eine Brennstoffmulde oder -schale der Verbrennungszone zugeführt [6]. Für den Einsatz von Biomassen mit niedrigem Ascheschmelzpunkt kann die Brennstoffmulde gekühlt werden. Entwicklungen für die Nutzung aschereicher Brennstoffe führten zu einer Kombination von Unterschub- und Rostfeuerung. Sollen stickstoffreiche Brennstoffe eingesetzt werden, wird die Verbrennungsluft gestuft der Feuerung zugeführt. Statt einer Brennstoffmulde wird eine Retorte mit Ausbrandkanal eingesetzt, die unterstöchiometrisch betrieben wird. Später wird die Sekundärluft für den vollständigen Ausbrand zugegeben. An ausgewählten für Getreideverbrennung angepassten Unterschubfeuerungen wurde der Einsatz von verschiedenen Getreidekörnersorten, Strohpellets, Getreideausputz getestet [14], [17]. Durch Zugabe von Additiven (z. B. Kalkstein) können die Emissionen von SO_2, HCl und vereinzelt von Staub vermindert werden [17], aber trotz allem wurden auch hier, ähnlich zu den Versuchen an anderen Pelletöfen [10]-[14], hohe Emissionen an Staub und Stickstoffoxiden gemessen.

Rostfeuerungen: Rostfeuerungen werden im Leistungsbereich kleiner 1 MW mit starrem Rost und im Leistungsbereich größer 1 MW mit mechanisch bewegtem Rost angeboten. Die Rostfeuerung ist der am meisten verbreitete Anlagentyp im mittleren und größerem Leistungsbereich [6]. Für den Einsatz in Rostfeuerungen werden nur geringe Ansprüche an die Brennstoffgröße und -feuchte gestellt. Rostfeuerungen sind für aschereiche Brennstoffe geeignet, die nicht zu fein und nicht zu trocken sind. Die Verbrennung kann durch mehrere

Primärluftzonen und einer Sekundärluftzone gut geregelt werden. Die gestufte Verbrennung ermöglicht einen Betrieb bei geringen NOx-Emissionen. Bei den Rostfeuerungen werden je nach Einsatzgebiet und Anlagengröße verschiedene Rosttypen (Wanderrost, luft- oder wassergekühlter Vorschubrost, Drehrost) angeboten. Außerdem werden durch eine Abgasrückführung die Verbrennungstemperatur und der Sauerstoffgehalt in der Flamme abgesenkt und damit auch die Nutzung von Brennstoffen mit niedrigen Ascheschmelzpunkten möglich. Rostfeuerungen für die Verbrennung von Stroh zur Strom- und Wärmeerzeugung sind in Dänemark bereits seit vielen Jahren in Betrieb [18]-[20]. Alternative Brennstoffe, wie z. B. Pappelpellets, Maisstrohpellets, Pinienkernschalen wurden von RAMOS ET AL. [21] getestet.

Einblasfeuerungen: Einblasfeuerungen werden im Leistungsbereich von 1 bis 8 MW für feinkörnige Biomassen eingesetzt. Der feinkörnige Brennstoff wird mit Hilfe des Luftstroms in den Brennraum eingeblasen. Die Verbrennung erfolgt im Flug und unverbrannte Partikel fallen auf einen Rost und brennen dort aus (Bild 2.6). Außerdem ist der Einsatz von gehäckselten halmgutartigen Biomassen möglich. Muffeleinblasfeuerungen werden für stickstoffreiche Brennstoffe, z. B. Späne aus Spanplattenbearbeitung angeboten. Dabei erfolgt die Luftzuführung in die Muffel tangential und bewirkt eine spiralförmige Bewegung des Brennstoff-Luft-Gemisches mit dem Ergebnis einer langen Verweilzeit und einer intensiven Vermischung. Die Verengung am Ende der Muffel sorgt zusätzlich für eine bessere Verwirbelung, bevor die Sekundärluft zugegeben wird [6].

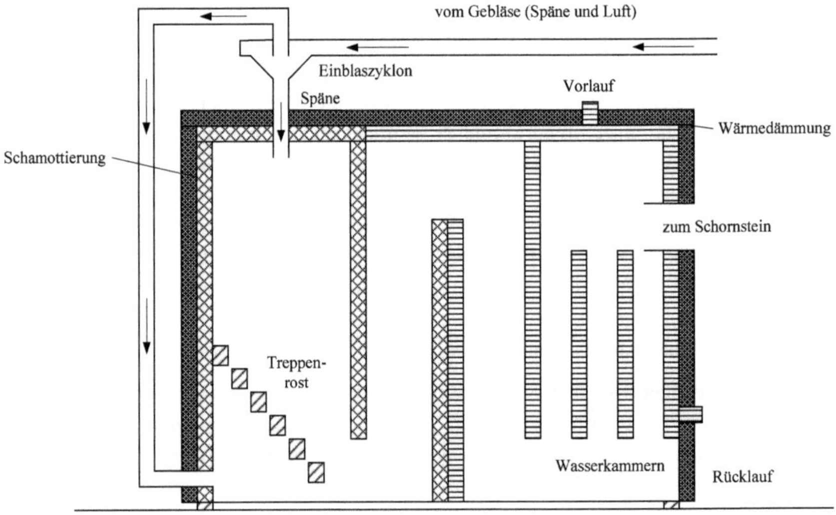

Bild 2.6 Grundprinzip der Einblasfeuerung [6]

Wirbelschichtfeuerung: Wirbelschichtfeuerungen werden aufgrund ihrer Anlagenkomplexität erst im Leistungsbereich größer 10 MW eingesetzt. Wirbelschichtfeuerungen bieten aber einige Vorteile beim Einsatz von schwierigen Biomassen. In Wirbelschichtfeuerungen wird die Luft über einen Düsenboden zugegeben und der Brennstoff zusammen mit einem inerten Bettmaterial aufgewirbelt. Aufgrund der guten Durchmischung im Wirbelbett ist eine Verbrennung bei niedrigen Luftüberschüssen möglich. Der Betrieb bei niedrigen Temperaturen ist außerdem von Vorteil hinsichtlich der NOx-Emissionen. In Wirbelschichtfeuerungen können Brennstoffe mit niedrigem Heizwert und hohen Feuchten eingesetzt werden. Durch Zugabe von Kalk können bei schwefel- und chlorreichen Brennstoffen die SO_2- bzw. HCl-Emissionen reduziert werden. Dem gegenüber steht ein erhöhter Staubgehalt im Abgas von Wirbelschichtfeuerungen, der durch entsprechende Entstaubungstechniken gemindert werden muss. Bei Einsatz von Brennstoffen mit leicht schmelzenden Aschen besteht die Gefahr von Partikelagglomerationen und dem daraus folgenden Bettzusammenbruch. Diese Gefahr kann durch den Einsatz von Additiven, alternative Bettmaterialien oder der Mitverbrennung von Brennstoffen mit hohen Ascheschmelzpunkten verhindert bzw. minimiert werden [22]. Es existieren bereits Wirbelschichtfeuerungen, in denen Stroh zusammen mit Kohle verbrannt wird, z. B. in Grenaa/Dänemark [19]. Aktuelle Forschungsarbeiten konzentrieren sich auf die Untersuchung der Eignung anderer nicht-holzartiger Biomassen in Wirbelschichtfeuerungen, wie z. B. Weizenstroh-Fermentationsrückstände [23] oder Rapspresskuchen [24].

Neben den oben genannten Feuerungstypen gibt es **speziell entwickelte Feuerungen für Stroh**, die einerseits die Nutzung von ganzen Strohballen ermöglichen und andererseits die Feuerraumtemperatur auf kleiner 900 °C begrenzen. Dazu zählen Unterbrandkessel für Hochdruckballen, Zigarrenfeuerungen für Großballen sowie Feuerungen mit einer Vorvergasung für Großballen. In Zigarrenfeuerungen für Großballen wird der gesamte Ballen waagerecht dem Brennraum zugeführt und zunächst entgast, bevor der Koks auf einen Rost fällt und das Brenngas durch Zugabe von Sekundärluft vollständig ausgebrannt wird. In Feuerungen mit einer Vorvergasung für Großballen werden die Ballen mit Hilfe eines Ballenteilers zerkleinert. Anschließend gelangen die Ballenscheiben über das Einführungsrohr auf einen wassergekühlten Rost [6].

In Tabelle 2.2 sind einige ausgewählte Anlagenbeispiele aufgelistet, in denen bereits heute nicht-holzartige Biomassen eingesetzt werden.

Tabelle 2.2 Ausgewählte Feuerungsanlagen für den Einsatz nicht-holzartiger Biomasse

Anlagentyp	Anlagen-größe	Brennstoff	Merkmale	Hersteller/Betreiber
Pelletofen	20-40 kW	Getreide		Agroflamm[14], Guntamatic Powercorn[13]
Vorofen-feuerung	0,01-6 MW	Pellets, Hackgut		
Unterschub-feuerung	bis 5 MW	relativ trocken, asche-arm, nicht zu grob-stückig, stickstoffreich		
Rostfeuerung	100 MW	Stroh	4-Zonen-Vibrationsrost	Avedore, Dänemark[20]
Muffelein-blasfeuerung	1-8 MW	trocken, feinkörnig, stickstoffreich	Luftstufung, lange Verweilzeiten, gute Durchmischung	
Zigarren-feuerung	3,15 MW	Strohgroßballen	Rauchgasrezirkulation	Strohheizwerk Schkölen GmbH[25]
	20 MW		Luftstufung	Heizkraftwerk Haslev, Dänemark[26]
Rostfeuerung mit Vorver-gasung	1,75 MW	Stroh-, Heu-, Getreide-ganzpflanzengroß-ballen	Zuführung als Ballen-Scheiben, wassergekühlter Feuerraum	Strohheizwerk Jena[25]
Stationäre Wirbelschicht	40,5 MW	Mischung aus Hühner-mist, Sägemehl, Holzreste und Stroh	Luftstufung (unterstöchiome-trischer Betrieb im Bett, Sekundär-luftzugabe in Nachbrennkammer), Rauchgasrezirkulation	AE&E „ECOFLUID“, Westfield, Schottland[27]

2.2.3 Vergasung

Ein weiteres thermo-chemisches Verfahren zur energetischen Nutzung von Biomasse stellt die Vergasung dar. Die Vergasung ermöglicht im Gegensatz zur Verbrennung in konventionellen Systemen die Nutzung des erzeugten Gases in hocheffizienten Gasmotoren und GuD-Prozessen. Weitere Vorteile liegen in der leichten Regelbarkeit der Verbrennung und dem kontinuierlichen Betrieb, der möglichen Abtrennung von Schadkomponenten bereits vor der Verbrennung sowie einer effizienten Verbrennung, da die benötigte Verbrennungsluft optimal zugemischt werden kann [28]. Diese Vorteile spielen besonders beim Einsatz biogener Reststoffe mit kritischen Brennstoffeigenschaften eine Rolle. Im Gegensatz zur Verbrennung existieren jedoch hauptsächlich Versuchs- und Demonstrationsanlagen und nur vereinzelte kommerzielle Vergasungsanlagen. Die Vergasungstechnologie wird aber in Zukunft weiter an Bedeutung gewinnen, wenn auch zunehmend alternative biogene Reststoffe verwendet werden können.

Vergasungsverfahren werden hinsichtlich ihres Vergasungsmittels, der Art des Wärmeeintrags für die endothermen Vergasungsreaktionen, des Reaktordrucks sowie der Reaktorbauart eingeteilt. Bezüglich der Reaktorbauart werden folgende Vergasungsverfahren unterschieden:

- Festbettverfahren
- Wirbelschichtverfahren
- Flugstromverfahren
- Sonderverfahren

Die Wahl des Reaktortyps ist u. a. abhängig von der Anlagengröße. So sind Festbettreaktoren hauptsächlich im kleinen bis mittleren Leistungsbereich (bis 10 MW_{th}), Wirbelschichten im mittleren bis großen Leistungsbereich (> 5 MW_{th}) und Flugstromverfahren im großen Leistungsbereich (> 100 MWth) zu finden. Obwohl Flugstromverfahren aufgrund der Anlagengröße für die dezentrale Vergasung von Biomasse ungeeignet sind, befinden sich doch verschiedene Verfahren in der Entwicklung, die sich mit der zentralen Produktion von Synthesegasen zur Erzeugung von flüssigen und gasförmigen Biotreibstoffen sowie Bio-Chemikalien beschäftigen [29], [30].

In Tabelle 2.3 sind die verschiedenen Vergasertypen und ihre charakteristischen Merkmale sowie Anlagenbeispiele zusammengefasst.

Tabelle 2.3 Merkmale unterschiedlicher Vergasungstypen [6], [28], [31], [32], [33]

Vergasertyp	**übliche Anlagengröße**	**Brennstoff**	**Merkmale**	**Beispiele**
Gegenstrom-Festbett	0,1-10 MW_{th}	Brennstoffe mit Feuchten bis 50 % einsetzbar, Brennstoffgröße nicht kritisch	hoher thermischer Wirkungsgrad, hoher Teergehalt (bis zu 100 g/m^3), für Wärmeerzeugung geeignet, für Stromerzeugung aufwendige Gasreinigung (thermische oder katalytische Teerspaltung) nötig	Harboore/Dänemark[34]
Gleichstrom-Festbett	0,05-1,5 MW_{th}	enge Grenzen für Brennstoffgröße und -feuchte (< 30 %)	Scale-Up limitiert, relativ hoher Kohlenstoffgehalt in Asche, geringerer Teergehalt, Einsatz für Stromerzeugung möglich	Xylowatt[35], HTV-Vergaser[36]

Tabelle 2.3 (Forts.) Merkmale unterschiedlicher Vergasungstypen [6], [28], [31], [32], [33]

Vergasertyp	übliche Anlagengröße	Brennstoff	Merkmale	Beispiele
Wirbelschicht	> 5 MW_{th}	größere Brennstoffflexibilität im Vergleich zu Festbett	keine Scale-up-Limitierung, gute Temperaturkontrolle, hohe Reaktionsraten, gute Teillastfähigkeit, mittlerer Teer- und hoher Staubgehalt	Värnamo[37], Güssing[38], UMSICHT[28]
Sonderverfahren	verfahrensabhängig	verfahrensabhängig	Kombination der Vorteile verschiedener Vergasertypen	VER-Vergaser[36], Pyroforce[39]
			räumliche Trennung der Konversionsschritte Pyrolyse und Vergasung	Heatpipe-Reformer[40], Viking[41], Carbo-V-Verfahren[28], Blauer Turm[42], CleanStGas[43]

Im Gegensatz zur Verbrennung kann das bei der Vergasung erzeugte Produktgas nicht nur für die Wärme- und Stromerzeugung sondern auch für die Erzeugung und Synthese anderer Produkte, wie z. B. Wasserstoff, Methanol, Fischer-Tropsch-Diesel und Methan, eingesetzt werden. Die Erzeugung von Treibstoffen oder Chemikalien aus biogenen Vergasungsgasen erfordert jedoch einen sehr hohen Gasreinigungs- und -konditionierungsaufwand, der in der Verwendung von empfindlichen Katalysatoren bei der Synthese begründet liegt. Aus diesem Grund ist ein wirtschaftlicher Betrieb nur bei entsprechenden großen, zentralen Anlagen gegeben. Auch bei der Wärme- und Stromerzeugung unterscheiden sich die Ansprüche an die Reinheit des Produktgases je nach Einsatzgebiet. Unterschieden werden die folgenden Anwendungen:

- Nutzung als Brennstoff zur Befeuerung von Öfen in der Kalk- und Zementindustrie, in der Zellstoff- und Papierindustrie oder in der Keramik- und Glasindustrie
- Verbrennung oder Mitverbrennung in einem Dampfkessel mit Dampfturbine
- Verbrennung in Gasmotor oder -turbine
- Nutzung in Brennstoffzellen

Die geringsten Ansprüche an die Gasreinheit sind bei der Nutzung des Produktgases im Kessel zur reinen Wärmeerzeugung bzw. mit integriertem Dampfkreislauf zur kombinierten Wärme- und Stromerzeugung gegeben. Für diesen Anwendungsbereich ist auch die Nutzung von biogenen Reststoffen mit ihren mitunter hohen Schadstoffgehalten am ehesten realisierbar.

Obwohl ein Großteil der bisher eingesetzten Brennstoffe in Vergasungsanlagen holzartige Biomassen sind, wurden bereits einige Untersuchungen zum Einsatz nicht-holzartiger Biomassen und Reststoffe in Vergasungsanlagen durchgeführt.

Gleichstrom-Festbett-Vergaser weisen eine geringe Toleranz gegenüber halmgutartigen Biomassen (Stroh, Gras etc.) auf, da sie aufgrund der hohen Gehalte an Silizium, Kalium und Chlor zu Agglomerationen und Ablagerungen im Bereich der Hochtemperatur-Zone führen [44]. Für feines Material mit geringer Schüttdichte eignen sich die Gleichstrom-Festbett-Vergaser, die mit einem so genannten „open core" ausgeführt sind, um Brückenbildung zu verhindern. SRIDHAR ET AL. [45] testeten verschiedene biogene Reststoffe (Reisschalen, Kokosnussschalen, Maiskolben, Erdnussschalen, Zuckerrohrrückstände) in einem adaptierten oben geöffneten Gleichstrom-Festbett-Vergaser mit optimiertem Luftdüsendesign und integrierter Ascheschnecke statt eines Rosts. Durch Brikettierung der Reststoffe erhielt man trockene und grobstückige Einsatzstoffe, die so erfolgreich in dem Vergaser genutzt werden konnten. BAKHIET ET AL. [46] untersuchte die Eignung von Erdnussschalen, Strohpellets, Miscanthus sowie Mischungen dieser Reststoffe mit Holz als Einsatzstoffe für einen Gleichstrom-Festbett-Vergaser. Alle untersuchten Reststoffe und Mischungen konnten in der Versuchsanlage vergast werden. Die Versuche zeigten aber auch, dass der Vergasertyp sensitiv gegenüber der Brennstoffstruktur und -größe ist und so wurden bei einigen Reststoffen Brückenbildungen im Brennstoffbett beobachtet. In Asien existieren bereits heute kommerzielle Gleichstrom-Festbett-Vergaser für Reisschalen [28].

Wirbelschicht-Vergaser ermöglichen die Nutzung aschereicher, kleinstückiger Brennstoffe mit niedriger Ascheschmelztemperatur ohne vorherige Aufbereitung der Brennstoffe (Brikettierung etc.). Nachteilig wirkt sich aber die hohe Produktgastemperatur bei der Wirbelschichtvergasung aus, da bei diesen Temperaturen die im Brennstoff enthaltenen Alkalien dampfförmig vorliegen [28]. SANCHEZ ET AL. [47] konnten in einer stationären Laborwirbelschicht zeigen, dass die Vergasung von Orangenschalen mit Luft möglich ist. Andere Autoren berichten von der Entwicklung eines dualen Wirbelschichtsystems, das speziell für die Nutzung problematischer Biomassen und Reststoffe konzipiert wurde [48], [49]. Dabei wird der Einsatzstoff zunächst in einer zirkulierenden Wirbelschicht bei niedriger Temperatur (650 °C) pyrolysiert, um den Koks anschließend nach Abtrennung vom Produktgas in einer gekoppelten stationären Wirbelschicht unter Luft- und Dampfzugabe auszubrennen. Als Bettmaterial und Wärmeträger zwischen den Reaktoren dient Sand. Durch die niedrigen Temperaturen im System werden Bett-Agglomerationen vermieden. Außerdem verbleiben die Alkalien und andere Aschebestandteile im festen Zustand und werden über einen Zyklon vom Produktgas getrennt. Stroh, Schweinemist und Gärreste wurden bereits erfolgreich in einer 500 kW Versuchsanlage getestet. Ein anderes System gekoppelter Wirbelschichten wurde in Österreich entwickelt und basiert auf dem Prinzip der allothermen Vergasung [38]. In der

100 kW Versuchsanlage an der TU Wien wurden bereits verschiedene Einsatzstoffe getestet, u. a. Strohpellets [50].

Einige ausgewählte Anlagenbeispiele, die bereits nicht-holzartige biogene Reststoffe einsetzen, sind in Tabelle 2.4 aufgeführt.

Tabelle 2.4 Ausgewählte Vergasungsanlagen mit Einsatz biogener Reststoffe

Anlagentyp	Brennstoff-leistung	Eingesetzte/ mögliche Brennstoff	Merkmale	Hersteller/ Standort
Gegenstrom-Festbett	5-10 MW	Stroh, Waldrestholz, Torf, Siedlungsabfälle	Produktgas zur Nutzung in Nahwärmeerzeugung, Trockenöfen, Prozessöfen, KWK	Bioneer, Finnland[28]
Gegenstrom-Festbett	1-100 MW	Reisschalen, Stroh, Olivenreste, Bagasse, Klärschlamm u.a.	Produktgasnutzung in Trocknungsprozessen oder zur Erzeugung von Prozessdampf oder KWK	PRM Energy Systems, USA[28]
Gleichstrom-Festbett		u.a. Rückstände aus der Landwirtschaft und Lebensmittelindustrie	ähnlich einer gestufter Verbrennung: Pyrolyse in einer heißen ausgekleideten Kammer und anschließend direkte Verbrennung der heißen Pyrolysegase	Chiptec Wood Energy Systems, USA[28]
Stationäre Wirbelschicht	3,5 MW	Mandelschalen	gekoppelt mit zwei Gasmotoren (mit Dieseleinspritzung) zur Stromerzeugung	ENAMORA, Spanien[32]
Zirkulierende Wirbelschicht	100 MW	Holzabfälle, Gummireste, RDF	Brenngaserzeugung für Zementprozess	Rüdersdorf, Deutschland[28]
Zirkulierende Wirbelschicht	40-70 MW	Mischung aus Holz, Papier, Plaste, RDF	Mitverbrennung in 167 MW_{el} Kohle-Staubfeuerung	Foster Wheeler, Lahti, Finnland[28]

RDF – refuse derived fuels (Sekundärbrennstoffe aus Müll); KWK – Kraft-Wärme-Kopplung

2.3 Verbrennung von biomassestämmigen Gasen

Der Anteil von Brenngasen aus regenerativen Quellen ist in der Energieerzeugung abgesehen von Biogas derzeit noch gering. Aufgrund der bereits in Kapitel 2.2.3 geschilderten Vorteile bei der Nutzung von aus schwierigen Biobrennstoffen erzeugten Brenngasen wird ihr Anteil in Zukunft aber weiter an Bedeutung gewinnen. Im Leistungsbereich kleiner 10 MW_{el} werden bereits Gasmotoren (Gas-Otto-Motoren oder Zündstrahl-Dieselmotor) eingesetzt. Zu potentiellen Technologien der Zukunft zählen außerdem Brennstoffzellen und Stirling-Motoren, die sich aber derzeit noch in Entwicklung befinden. Die gasmotorische Verbrennung von Klärgas zur Wärme- und Stromerzeugung in so genannten Blockheizkraftwerken (BHKW) ist bereits Stand der Technik. Deponiegas wird aufgrund seiner unterschiedlichen Gaszusammensetzung entweder abgefackelt oder kann bei ausreichendem Heizwert ebenfalls in einem Gasmotor

verbrannt werden. In größeren Leistungsbereichen kommen schließlich Gas- und Dampfturbinen zum Einsatz.
Bei kleinen dezentralen Anlagen kann durch die kontrollierte Verbrennung von Produktgasen aus der Vergasung eine geringere Schadstoffbelastung erreicht werden als es im Vergleich zur direkten Verbrennung von minderwertigen Biomassen möglich wäre.

2.3.1 Charakterisierung von Brenngasen

Brenngase werden entsprechend ihres Brennwertes in verschiedene Klassen unterteilt. Gasgemische mit einem Brennwert kleiner 9 $MJ/m^3_{i.N.}$ werden dabei als Arm- oder Schwachgase bezeichnet, wogegen Brenngase mit einem Brennwert größer 9 $MJ/m^3_{i.N.}$ in Mittelgase (9-15 $MJ/m^3_{i.N.}$), Starkgase (15-23 $MJ/m^3_{i.N.}$) bzw. Reichgase (> 23 $MJ/m^3_{i.N.}$) eingeteilt werden [51]. Bei Schwachgasen handelt es sich um Gasgemische, die neben brennbaren Bestandteilen wie Methan (CH_4), Wasserstoff (H_2) und Kohlenmonoxid (CO) einen hohen Anteil an inerten Gasen wie Kohlendioxid (CO_2), Stickstoff (N_2) und Wasserdampf (H_2O) enthalten, wodurch ihr Brennwert generell sehr gering ist.

Brenngase können anhand ihrer Herkunft eingeteilt werden. Sie entstehen z. B. beim anaeroben Abbau von organischem Material (Biogas, Deponiegas, Klärgas), im Untertagebergbau (Grubengas), als Nebenprodukt in der Eisen- und Stahlindustrie (Gichtgas) und in der Kohleveredelung (Kokereigas), als Produktgase bei der Biomassepyrolyse und -vergasung oder als kohlenwasserstoffhaltige Abgase aus Produktionsprozessen. In Tabelle 2.5 ist eine Übersicht der Gaszusammensetzungen verschiedener Brenngase zu finden.

Tabelle 2.5 Gaszusammensetzung von verschiedenen Brenngasen [52], [53], [54], [55]

Brenngas		**Vergasung**[52]			**Anaerober Abbau**			**Eisengewinnung**	**Kohleveredelung**	**Bergbau**
		Waldhackgut	MSW-Briketts*	Stroh	Biogas[53]	Deponiegas[54]**	Klärgas[53]	Gichtgas[55]	Kokereigas[55]	Grubengas[53]
H_2	Vol-%,tr	17,0	14,6	17,6	< 1,0	-	0,0-1,5	4,8	60,3	-
CO	Vol-%,tr	20,0	17,8	18,9	-	-	-	25,2	4,9	-
CO_2	Vol-%,tr	13,0	11,0	13,8	25,0-35,0	33,0-34,0	20,0-35,0	23,0	0,51	10,0-15,0
CH_4	Vol-%,tr	1,5	2,6	2,3	55,0-70,0	42,0-45,0	55,0-70,0	-	26,0	40,0-75,0
C_2H_6	Vol-%,tr	-		-	-	-	-	-	1,0	-
C_3H_8	Vol-%,tr	-	-	-	-	-	-	-	-	-
Hu	$MJ/m^3_{i.N.}$	4,9	4,8	5,1	19,8-25,2	15,1-16,2	19,8-25,2	3,7	19,7	14,4-26,9

* MSW Municipal Solid Waste (Siedlungsabfälle); ** Charakteristische Zusammensetzung und Heizwert eines Deponiegases

2.3.2 Schadstoffentstehung

2.3.2.1 Schadstoffgruppen

Bei der Verbrennung entstehen verschiedene Schadstoffe, die in folgende Schadstoffgruppen unterschieden werden können [51]:

- Gruppe 1: Schadstoffe als Folge unvollständiger Verbrennung, z. B. CO, CxHy
- Gruppe 2: Schadstoffe als Folge unerwünschter Begleitreaktionen unter Einbeziehung des Luftstickstoffes
- Gruppe 3: Schadstoffe als Folge von Begleitstoffen im Brennstoff, z. B. SOx, NOx

Schadstoffe der Gruppe 1 werden z. B. durch das Anschlagen der Flamme an gekühlten Flächen, lokalen Sauerstoffmangel, zu niedrige Flammentemperaturen, mangelnde Flammenstabilität, ungenügende Vermischung der Reaktionspartner oder zu niedrige Brennraumtemperatur bei Teillastbetrieb verursacht. Schadstoffe der Gruppe 1 können in der Regel durch konstruktive Maßnahmen am Brenner bzw. an der Feuerung, durch eine ausreichende Dimensionierung des Brennraumes sowie durch die Optimierung der Brennereinstellung vermindert werden [51].

Zu den **Schadstoffe der Gruppe 2** zählen Stickoxide, die über den thermischen und prompten Bildungspfad aus Luftstickstoff entstehen [56]. Thermische Stickoxide werden durch die Oxidation von molekularem Stickstoff mit Sauerstoff der Verbrennungsluft bei Temperaturen größer 1300 °C gebildet. Prompte bzw. Fenimore-Stickoxide entstehen über in der Flammenfront gebildete CH-Radikale, die mit Luftstickstoff zu HCN reagieren und später bei hohen Temperaturen zu NO umgewandelt werden. Bei der Verbrennung von Biomassen ist jedoch davon auszugehen, dass kaum thermisches und promptes NO gebildet wird, da die Verbrennungstemperaturen üblicherweise unterhalb der für die Bildung von thermischen und prompten NO notwendigen Temperatur liegen [57]-[59].

Schadstoffe der Gruppe 3 können bei Brenngasen aus regenerativen Quellen je nach Herkunft eine unterschiedlich große Rolle spielen. In Tabelle 2.6 sind typische Verunreinigungen von biogenen Gasen zusammengefasst.

Tabelle 2.6 Typische Verunreinigungen von biogenen Gasen [51], [60], [61]

		Biomasse-Vergasung[60],[61]	**Anaerober Abbau**[51]	
Komponente		Rohgas	Biogas	Deponiegas
H_2S	$mg/m^3_{i.N.}$	75-150	100-10000	0-1000
COS	$mg/m^3_{i.N.}$	5-25	-	-
NH_3	$mg/m^3_{i.N.}$	150-1500	0-100	0-5
HCN	$mg/m^3_{i.N.}$	12-120	-	-
Halogene	$mg/m^3_{i.N.}$	0-480	0-200	0-1600
Siloxane	$mg/m^3_{i.N.}$	-	0-50	0-50
Na+K	$mg/m^3_{i.N.}$	0-1,7	-	-
Teer	$g/m^3_{i.N.}$	2-20	-	-
Partikel	$g/m^3_{i.N.}$	10-100	-	-

Wie oben erwähnt führen hohe Gehalte an Verunreinigungen im Brenngas bei der Verbrennung zu erhöhten Schadstoffemissionen, wie z. B. SOx- und NOx-Emissionen. Zusätzlich können diese Verunreinigungen aber auch Korrosion, Ablagerungen und Abriebserscheinungen in nachfolgenden Anlagenteilen verursachen.

2.3.2.2 Bildung von Stickoxiden aus Brennstoffstickstoff

Hohe NOx-Emissionen werden bei der Verbrennung von biogenen Brenngasen hauptsächlich durch den hohen Gehalt an Brennstoff-Stickstoff verursacht. Diese in biogenen Brenngasen enthaltenen Stickstoffverbindungen werden bei der Entgasung der festen Biomassen freigesetzt. Die Mechanismen der Freisetzung von Stickstoff-Spezien bei der Entgasung bzw. Verbrennung von Biomasse sind sehr komplex. Trotz vieler Forschungsarbeiten, besonders im Bereich der Kohleverbrennung [59]-[72] und einiger Arbeiten im Bereich der Biomasseverbrennung [59],[63]-[67],[73]-[78], ist die Umwandlung von Brennstoff-Stickstoff zu Stickstoff-Spezien bei der Entgasung des festen Brennstoffs, die die Vorläufersubstanzen zur NOx-Entstehung darstellen, sowie deren anschließenden Umwandlung zu NOx, noch nicht vollständig verstanden.

Freisetzung des Brennstoff-Stickstoffs aus Biomasse

Stickstoff kann in Biomassen in Form von Amino-Verbindungen, besonders in den Proteinen, und aromatischen Verbindungen (Pyridin, Pyrrol) vorliegen. Dabei hängt das Vorkommen der Stickstoffverbindungen in der Biomasse stark vom Typ, Alter und Standort der Biomasse ab [59]. Trotz der unterschiedlichen Bindung des Stickstoffs in der Biomasse ist die Umwandlung des Brennstoff-Stickstoffs zu NO nahezu unabhängig von der Bindungsstruktur des Stickstoffs in der Biomasse.

Während der Pyrolyse der Biomassen wird der Brennstoff-Stickstoff größtenteils in Form von gasförmigen Verbindungen (Teeren, NH_3, HCN, HNCO, N_2) freigesetzt und verbleibt im Gegensatz zur Pyrolyse von Kohle nur in geringen Anteilen im Koks [59], [63], [65]. Die Verteilung des Brennstoff-Stickstoffs auf flüchtige Verbindungen und Koks ist hauptsächlich von der Temperatur und der Verweilzeit abhängig [59]. Mit zunehmender Temperatur und Verweilzeit findet sich mehr Stickstoff in flüchtigen Verbindungen und weniger im Koks wieder. Untersuchungen von STORM ET AL. [74] zeigten, dass bei Temperaturen über 850 bis 900 K bereits etwa 80 % des Brennstoff-Stickstoffs von Holz und Stroh freigesetzt wird. Die bei der primären Pyrolyse freigesetzten Teere werden im weiteren Verlauf (sekundäre Pyrolyse) thermisch zersetzt und der Stickstoff der Teerverbindungen wird in Ammoniak (NH_3) und Cyanwasserstoff (HCN) überführt. Ein Großteil des Ammoniaks wird aber bereits bei der Pyrolyse direkt aus der Biomasse freigesetzt. Hierbei stammt das Ammoniak hauptsächlich aus Amino-Verbindungen, während HCN ein Zersetzungsprodukt der Pyridin- und Pyrrolverbindungen darstellt [59], [63], [65], [73]. Der Anteil von Ammoniak, der aus dem Brennstoff-Stickstoff stammt, steigt mit sinkender Temperatur und Aufheizrate und zunehmendem Druck und Verweilzeit. Das Verhältnis von HCN zu NH_3 steigt nach LEPPÄLAHTI & KOLJONEN [63] mit abnehmendem Verhältnis von Sauerstoff zu Stickstoff im Brennstoff und zunehmender Aufheizrate. HANSSON ET AL. [76] sehen weniger das Verhältnis von Sauerstoff zu Stickstoff als die Art der Stickstoffbindung im Brennstoff als Einflussgröße für die Verteilung der gasförmigen Stickstoff-Verbindungen.

In verschiedenen Arbeiten [63], [64] wird gezeigt, dass Ammoniak die Hauptkomponente unter den gasförmigen Stickstoffverbindungen bei der Pyrolyse von Biomasse ist. HANSSON ET AL. [76] identifizierten bei Pyrolyseversuchen von Biomasse unter Wirbelschicht-Bedingungen neben NH_3 und HCN auch Cyansäure (HNCO) als gasförmige Stickstoffverbindung, die als Vorläufersubstanz zur Bildung von N_2O führen kann. Das Verhältnis von NH_3/HCN/HNCO ist dabei vom Brennstofftyp abhängig. Die Verhältnisse von HNCO zu HCN und NH_3 zu HCN sind weiterhin stark von der Pyrolysetemperatur abhängig und sinken mit steigender Temperatur [76]. Aufgrund des hohen O/N-Verhältnisses in Biomassen ist bei der Pyrolyse ebenfalls mit der Entstehung von NO aus Brennstoff-Stickstoff zu rechnen [78]. In Tabelle 2.7 sind beispielhaft Umwandlungsraten von Brennstoff-Stickstoff zu NH_3 bzw. HCN verschiedener Biomassen zusammengefasst.

Tabelle 2.7 Umwandlungsraten von Brennstoff-Stickstoff zu HCN und NH_3 verschiedener Biomassen [76], [65]

Biomasse	Reaktortyp/Aufheizrate	T_{End} (°C)	N→NH_3 (%)	N→HCN (%)	Quelle
Bagasse	Rohrreaktor	800	~12	~54	[67]
Raps	Wirbelschicht	500-700	~11-27	n. b.	[79]
Eukalyptus	Wirbelschicht	590-845	~12-16	2,2-4,9	[65]
Pinie	Wirbelschicht	845	11,8	2,9	[65]
Rinde (Birke, Tanne, Pinie)	Flugstromreaktor	800	4,5-5,5	0,55-0,73	[80]
Rinde (Pinie)	10 K/min	810-930	10-15	n. b.	[66]

n. b. nicht bestimmt

STUBENBERGER ET AL. [75] untersuchte die Stickstofffreisetzung bei der Verbrennung von holzartiger und nicht-holzartiger Biomasse. Bei der Freisetzung der Stickstoff-Spezien (NO, NH_3, HCN) zeigten sich nicht nur Unterschiede zwischen den Brennstoffgruppen (holzartig, nicht-holzartig), sondern auch zwischen den Brennstofftypen innerhalb einer Brennstoffgruppe.

Die gasförmigen Stickstoff-Verbindungen können unter bestimmten Bedingungen bei der Vergasung nicht nur aus dem Brennstoff-Stickstoff gebildet, sondern auch unter bestimmten Reaktionsbedingungen reduziert werden. So berichten LEPPÄLAHTI & KOLJONEN [63], dass sich Ammoniak bei Temperaturen über 1470 K zu zersetzen beginnt. Unter Anwesenheit von Sauerstoff kann das Ammoniak erheblich reduziert werden, wobei die Reduktion mit steigender Temperatur und Sauerstoffgehalt zunimmt. Die Zersetzung erfolgt unter Anwesenheit von Wasserstoffradikalen zu NH_i-Radikalen, die schließlich größtenteils zu Stickstoff und in geringem Maße zu NO umgewandelt werden. Einen gegenteiligen Effekt auf die Reduktion von Ammoniak hat die bei der Vergasung entstehende Gaskomponente Methan. Methan konkurriert hierbei mit Ammoniak um die für die Zersetzungsreaktionen von beiden benötigten Wasserstoff-Radikale, wodurch die Reduktion von Ammoniak abgeschwächt bzw. bei entsprechend hohen Methangehalten (größer 5 %) gänzlich unterdrückt wird. Weiterhin stellten LEPPÄLAHTI & KOLJONEN [63] fest, dass bei hohen Temperaturen und unter Anwesenheit von Methan eine beträchtliche Konversion zu HCN stattfindet, die in methanfreier Atmosphäre nicht festgestellt werden konnte.

Der im Koks verbleibende Stickstoff wird durch heterogene Reaktionen weiter zu NO und N_2O oxidiert. Bei hohen Temperaturen können außerdem weitere leichte Verbindungen, wie z. B. HCN, freigesetzt werden. Bereits entstandenes NO kann an der Koksoberfläche zu N_2 oder mit Kohlenwasserstoff-Radikalen zu HCN und N_2 umgewandelt werden [59], [81].

Umwandlung der gasförmigen Stickstoffverbindungen bei der Verbrennung

Der Gehalt an Stickstoffverbindungen im Brenngas bestimmt maßgeblich die Menge an NOx-Emissionen bei der Verbrennung. Mit zunehmendem Gehalt an Stickstoff steigen die NOx-Emissionen, wobei der Umwandlungsgrad des Brennstoff-Stickstoffs zu NOx mit zunehmendem Stickstoffgehalt abnimmt [57], [82], [83]. Geringe Stickstoff-Gehalte werden in Vormischflammen nahezu vollständig in NO umgewandelt. Die mit steigenden Stickstoff-Gehalten zunehmende NO-Konzentration nähert sich für sehr hohe Brennstoffstickstoff-Gehalte asymptotisch einem Plateauwert. Der maximale NO-Wert ist dabei stark von den stöchiometrischen Bedingungen und nur schwach von den Temperaturverhältnissen abhängig. In Diffusionsflammen liegen die Umwandlungsgrade für kleine Brennstoffstickstoff-Gehalte aufgrund der Mischungsverhältnisse deutlich unter 100 % und nehmen für höhere Stickstoff-Gehalte nur schwach ab [84]. Für typische Brennstoff-Stickstoff-Gehalte liegt der Umwandlungsgrad des Brennstoff-Stickstoffs zu NO bei Vormischflammen zwischen 80 und 100 %, dagegen bei Diffusionsflammen zwischen 10 und 30 % [59].

Neben dem Stickstoff-Gehalt sind die Verweilzeit, die Mischgüte, der Ort der Luftzugabe, die Luftaufteilung und der Luftüberschuss, die über das Design des Brenners bzw. der Brennkammer bestimmt werden, weitere Parameter, die die NOx-Bildung aus Brennstoffstickstoff beeinflussen [83], [85]. Die Temperatur als weitere Größe hat zwar nur einen schwachen Einfluss auf die Bildung von NO aus Brennstoff-Stickstoff, ist aber im Hinblick auf die NO-Reduktion von Bedeutung, da die NO-Reduktionsraten mit zunehmender Temperatur steigen. Der Einfluss der Luftzahl auf die Bildung von NO und dessen Zwischenprodukte HCN und NH_3 in einer Vormischflamme ist in Bild 2.7 beispielhaft dargestellt.

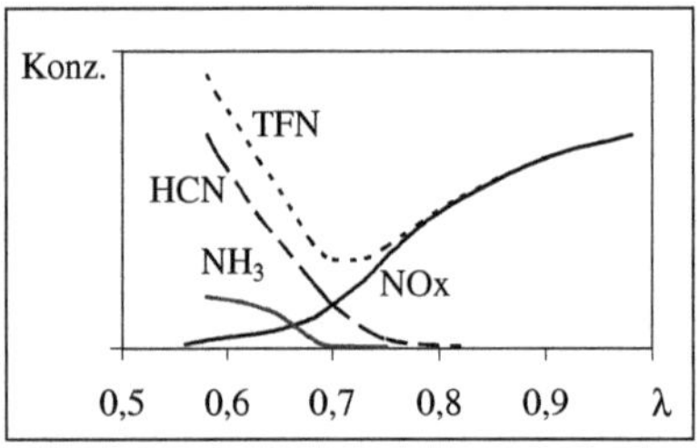

Bild 2.7 Verlauf von HCN, NH_3, NOx und TFN über der Luftzahl (Vormischflamme) [84]

Mit zunehmender Luftzahl steigt die NO-Konzentration und bei einer Luftzahl größer 0,7 ist NO die dominierende Stickstoff-Verbindung. Ab einer Luftzahl kleiner 0,75 tritt HCN auf und steigt mit abnehmender Luftzahl. Bei einer Luftzahl kleiner 0,65 wird ebenfalls NH_3 gebildet. Liegt die Luftzahl unter 0,6 ist schließlich hauptsächlich HCN vorzufinden. Die Summe aus NOx, HCN und NH_3 wird auch als „Total-Fuel-Nitrogen" (TFN) angegeben, deren Minimum bei einer Luftzahl um 0,7 liegt. Die Lage des minimalen TFN ist leicht temperaturabhängig und verschiebt sich mit sinkender Temperatur zu höherer Luftzahl. Bei Diffusionsflammen ist die NO-Bildung stark von den Mischungsverhältnissen abhängig und der Kurvenverlauf in Bild 2.7 verschiebt sich mit abnehmender Mischungsgeschwindigkeit zu höheren Luftzahlen und NH_3 bzw. HCN kann bereits bei Luftzahlen kleiner 0,9 auftreten. Je besser und schneller die Mischung von Luft und Brennstoff stattfindet, desto stärker ausgeprägt ist der Einfluss der Luftzahl auf die NO-Emissionen [84]. Die Art der gasförmigen Stickstoffverbindungen hat keinen Einfluss auf den Umwandlungsgrad zu NO, da alle Stickstoffverbindungen letztendlich zu NHi-Radikalen umgewandelt werden. Ob die NHi-Radikale zu N_2 reduziert oder zu NO oxidiert werden, hängt dann allein von den Reaktionsbedingungen (Stöchiometrie, Temperatur etc.) ab [59].

In Bild 2.8 sind schematisch die Reaktionspfade bei der Umwandlung von Brennstoffstickstoff zu NO und elementaren Stickstoff dargestellt. Die Oxidation zu NO erfolgt hauptsächlich in homogenen Gasphasenreaktionen. Cyanwasserstoff (HCN) wird überwiegend durch OH-Radikale zu Cyansäure (HNCO) umgewandelt, die wiederum mit Wasserstoffradikalen zu NH_i-Radikalen reagiert. Die entstandenen NHi-Radikale können dann entweder mit O- oder OH-Radikalen zu NO oxidiert oder mit NO zu molekularem Stickstoff (N_2) reduziert werden [56]. Bei Anwesenheit von Kohlenwasserstoffen kann ebenfalls eine Rückreaktion von NO zu HCN, die so genannte NO-Recycle-Reaktion, erfolgen [59], [81]. Bei tiefen Temperaturen gewinnen die Reaktionen von HCN und H_iNCO zu N_2O zunehmend an Bedeutung. Oberhalb von 1200 K wird kein N_2O mehr gebildet [86]. Die Reduktion von NO wird ebenfalls durch die Anwesenheit von CO beeinflusst und findet durch die zusätzliche Bildung von OH-, H- und O-Radikale bereits bei niedrigeren Temperaturen statt [81].

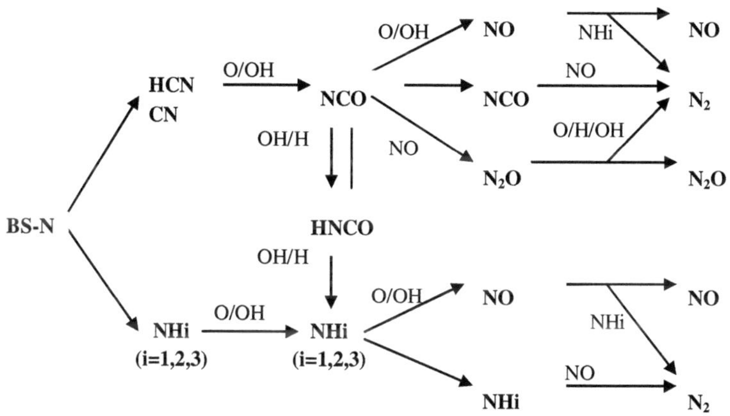

Bild 2.8 Reaktionspfade bei der Umwandlung des flüchtigen Brennstoff-Stickstoffs zu NO, N_2O und N_2 [86], [87]

Möglichkeiten zur Minderung von NOx

Aus den oben aufgeführten Erläuterungen zur Bildung von NO aus Brennstoffstickstoff lassen sich verschiedene Maßnahmen zur Senkung der NOx-Emissionen bei der Verbrennung ableiten. Diese Maßnahmen werden generell in Primär- und Sekundärmaßnahmen unterschieden [56], [57], [82]. Primärmaßnahmen sind dabei Maßnahmen, bei denen die NOx-Emissionen bereits bei ihrer Enstehung reduziert werden. Werden die NOx-Emissionen nachträglich gemindert, spricht man von Sekundärmaßnahmen. Hierbei werden die NOx-Konzentrationen im Abgas durch Zugabe von Reduktionsmittel reduziert. Man unterscheidet dabei das SCR (Selective Catalytic Reduction)- und SNCR (Selective Non Catalytic Reduction)-Verfahren. Während in Großanlagen diese Sekundärmaßnahmen zur Reduktion von Stickoxiden Stand der Technik sind, finden sie in kleinen und mittleren Anlagen aus technischen und wirtschaftlichen Gründen keine Anwendung. Bei kleinen und mittleren Anlagen können dagegen verschiedene Primärmaßnahmen zu einer Verminderung der Stickoxide führen. Zu den Primärmaßnahmen zählen Maßnahmen, die zu einer Absenkung des Luftüberschusses führen. Durch eine Verbesserung der Mischgüte kann eine nahstöchiometrische Verbrennung realisiert werden. Die Absenkung des Luftüberschusses ist aber begrenzt durch ansteigende CO-Emissionen. Eine weitere NOx-Minderungsmaßnahme stellt die gestufte Verbrennung dar, wobei in Luftstufung und Brennstoffstufung unterschieden wird. Nach NUSSBAUMER [57] werden bei der gestuften Verbrennung von Holz die niedrigsten NOx-Emissionen bei Luftzahlen von 0,7 bis 0,8, einer Temperatur größer 1150 °C und einer Verweilzeit zwischen 0,3 und 0,5 s in der Reduktionszone erreicht. Bei der Brennstoffstufung werden in einer zweiten Stufe zusätzlich Kohlenwasserstoffe zugegeben, die das bereits gebildete NO über HCN zu elementarem Stickstoff abbauen. Eine weitere Absenkung der Temperatur und der Sauerstoffkonzentration kann durch die interne oder externe Rezirkulation von Abgasen in die Reduktionszone erreicht werden, wodurch die vorzeitige Oxidation der Stickstoffverbindungen verhindert bzw. die Stickstoffkomponenten reduziert werden.

2.3.3 Schwachgasbrenner

Bei der Verbrennung von Gasen mit niedrigem Heizwert ist mit sehr geringen adiabaten Verbrennungstemperaturen und niedrigen Flammengeschwindigkeiten zu rechnen. Dies kann bei konventionellen Brennern Probleme, wie z. B. hohe Schadstoffemissionen, Verlöschen der Flamme bzw. Abbruch der Reaktion oder Zündprobleme, verursachen. Durch die Erhöhung der Verweilzeit oder durch die Rezirkulation von Abgas kann einem erhöhten Schadstoffausstoß entgegen gewirkt werden. Ein Verschieben der Verlöschgrenze ist z. B. durch die Vorwärmung der Edukte oder durch den Einsatz katalytischer Materialien im Reaktionsraum möglich, wobei entsprechende Katalysatoren verschieden Nachteile aufweisen, u. a. eine beschränkte Lebenszeit durch Deaktivierung, eine Sensitivität gegenüber Schwankungen der Betriebsbedingungen und ein hoher Preis [88]. Verschiedene Brennertypen sind aufgrund ihres Funktionsprinzips besonders für die Nutzung schwachkalorischer Gase geeignet. Im Folgenden werden einige Brenner kurz vorgestellt und über erste Erfahrungen mit Schwachgasen berichtet.

FLOX®-Brenner

Das Funktionsprinzip und die Grundlagen der Flammlosen Oxidation werden später detailliert beschrieben. Es soll daher an dieser Stelle auf Kapitel 2.4 verwiesen werden.

In verschiedenen Simulationsrechnungen und experimentellen Untersuchungen von AL-HALBOUNI ET AL. [89]-[91] konnte gezeigt werden, dass eine stark überstöchiometrische Verbrennung (λ = 2-2,5) einer Methan/Stickstoff-Mischung mit Heizwerten bis zu 7 $MJ/m^3_{i.N.}$ in einem FLOX®-Brenner mit vorgewärmter Luft (T = 420 °C) möglich ist. Eine ausgeprägte Rezirkulationszone und eine gleichmäßige Temperaturverteilung führte zu CO- und NOx-Emissionen kleiner 10 ppm. Die Verbrennung von Schwachgasen mit noch niedrigerem Heizwert wurde in Untersuchungen von SUPHANSOMBOOM ET AL. [92] gezeigt. Die Verbrennung von aus Sägemehl produziertem Vergasungsgas mit einem Heizwert von 2,7 $MJ/m^3_{i.N.}$ führt im Labormaßstab abhängig von der Luftvorwärmtemperatur (T = 300-900 °C) zu NOx-Emissionen zwischen 80 und 100 ppm. Hierbei ist anzumerken, dass die Versuche mit einem realen Vergasungsgas durchgeführt wurden und daher davon auszugehen ist, dass im Gas bereits NO-Vorläufersubstanzen aus dem Brennstoffstickstoff enthalten sind, die zu höheren NOx-Emissionen führen als in den Untersuchungen von AL-HALBOUNI ET AL. [89]-[91]. Weitere Fortschritte in der Nutzung sehr schwachkalorischer Gase konnten am Ökozentrum Langenbruck (Schweiz) erzielt werden [93]. In aktuellen Verbrennungsversuchen wurden Gase mit einem Heizwert bis zu 2 $MJ/m^3_{i.N.}$ mit moderat vorgewärmter Luft (T = 300 °C) in einem speziell adaptierten FLOX®-Brenner erfolgreich verbrannt. Der FLOX®-Brenner zeichnet sich hierbei durch sein einfaches Brennerdesign, eine hohe Robustheit und eine hohe Leistungsdichte (bis zu 20 $MW/m^3_{i.N.}$) aus.

COSTAIR-Brenner

Das COSTAIR-Konzept wurde mit dem Ziel NOx-Emissionen zu mindern entwickelt und nutzt das Prinzip der kontinuierlichen Luftstufung (COSTAIR - continued staged air). In Bild 2.9 ist der Aufbau eines COSTAIR-Brenners schematisch dargestellt. Kernstück ist der Luftverteiler, durch den die Verbrennungsluft strömt. Der Brennstoff wird durch einen um das Luftverteilungsrohr liegenden Düsenring eingedüst. Durch die Vielzahl der Öffnungen des Luftverteilers wird die Luft kontinuierlich gestuft der Reaktionszone zugeführt. Durch die Eindüsung kommt es zur Ausbildung einer Rezirkulationszone, in der das Brennstoff-Luft-Gemisch mit Abgas verdünnt wird. Neben der Luftstufung stellt dies eine weitere Maßnahme dar, die NOx-Emissionen zu reduzieren. Sowohl für die Verbrennungsluft als auch für das Brenngas kann ein Drall erzeugt werden, der die Flammenstabilisierung und den Ausbrand verbessert.

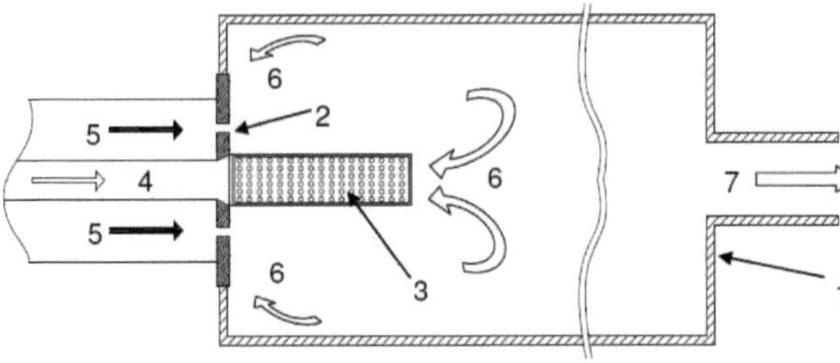

Bild 2.9 Schema des COSTAIR-Brenners [94]

Der Einsatz des COSTAIR-Prinzips für Schwachgase unter den Bedingungen einer stark überstöchiometrischen Verbrennung (λ = 2-2,5) und daraus folgende notwendige Adaptionen am Brennerdesign wurden von AL-HALBOUNI ET AL. [89]-[91] mittels numerischer Simulationen untersucht. Neben einer optimalen Luftverteilerlänge führte auch das teilweise Zumischen von Verbrennungsluft zu dem Schwachgas zu einer erheblichen Minderung der NOx-Emissionen und einer Verbesserung des Ausbrandes. Die kontinuierliche Luftstufung in Kombination mit einer verbesserten Abgasrezirkulationsrate führte zu einer Vergleichmäßigung der Temperaturverteilung im Brennraum und einer kurzen Reaktionszone. Schwachgase bestehend aus Methan und Stickstoff konnten bis zu einem Heizwert von 7 $MJ/m^3_{i.N.}$ mit vorgewärmter Luft (T = 420 °C) stabil und ohne Pulsation verbrannt werden. Die CO- und NOx-Emissionen waren kleiner 10 ppm. Aktuelle Untersuchungen von AL-HALBOUNI ET AL. [95], [96] konzentrieren sich auf die Nutzung von heißen Schwachgasen aus der Biomassevergasung. Erste Ergebnisse zeigten, dass der beste Betrieb mit einem Gasdrall von 45° realisiert werden kann. Das heiße Schwachgas wurde durch die Mischung verschiedener Gase (CO, CO_2, H_2, N_2, NH_3) mit Heizwerten zwischen 3,6 und 10,8 $MJ/m^3_{i.N.}$ simuliert. Das Gasgemisch wurde für die Versuche auf 550 °C aufgeheizt. Ein Gasmischung mit einem Heizwert von 4,4 $MJ/m^3_{i.N.}$ ohne simulierten Brennstoffstickstoff (NH_3) konnte in einem 30 kW Brenner über einen weiten Betriebsbereich (λ = 1,1-1,9) stabil und pulsationsfrei verbrannt werden. Die Emissionen von CO und NOx lagen unter 15 ppm. Bei der Verbrennung der gleichen Gasmischung unter gleichen Bedingungen jedoch mit 0,1 Vol-% NH_3 stiegen die NOx-Emissionen stark an und lagen im Bereich von 240 bis 310 ppm. Das zeigt, dass der Brennstoffstickstoff in einem hohen Maß in NOx umgewandelt wird. Ähnliche Ergebnisse wurden auch mit einem 300 kW-Brenner beobachtet.

Drallbrenner

Drallbrenner sind durch eine starke Verdrallung der Verbrennungsluft gekennzeichnet und zeichnen sich durch kurze Flammen bei gleichzeitig hohem Ausbrand aus. Drallbrenner für die Nutzung von Gicht- oder anderen Schwachgasen wurden z. B. von der Fa. SAACKE

GmbH entwickelt [97], [98]. Bei dem SAACKE-Brenner SSB-LCG wird die Verbrennungsluft tangential über einen Eintrittsstutzen in eine speziell für das Schwachgas adaptierte Brennermuffel eingebracht, die zuvor mit einem heizwertreichen Brennstoff aufgeheizt werden muss. Ebenfalls tangential gelangt das Schwachgas druckverlustarm in die Brennermuffel. Die durch einen Ringspalt geführte und im kegeligen Teil beschleunigte Verbrennungsluft tritt mit einem sehr hohen Drall in die Brennermuffel ein, wodurch es zu einer intensiven Vermischung von Verbrennungsluft und tangential zugeführtem Schwachgas kommt. Aufgrund der hohen Drallstärke entsteht im Zentrum der Drallströmung ein Unterdruckgebiet, das eine interne zentrale Rezirkulation des Brenngas-Luft-Gemisches bewirkt (Bild 2.10). Zusammen mit der heißen Ausmauerung bewirkt dies einen sehr guten Ausbrand und eine homogene Temperaturverteilung. Ohne Einsatz einer Stützfeuerung können mit Hilfe des Drallbrenners SSB-LCG Gichtgase mit Heizwerten von bis zu ca. 2,5 $MJ/m^3_{i.N.}$ stabil verbrannt werden.

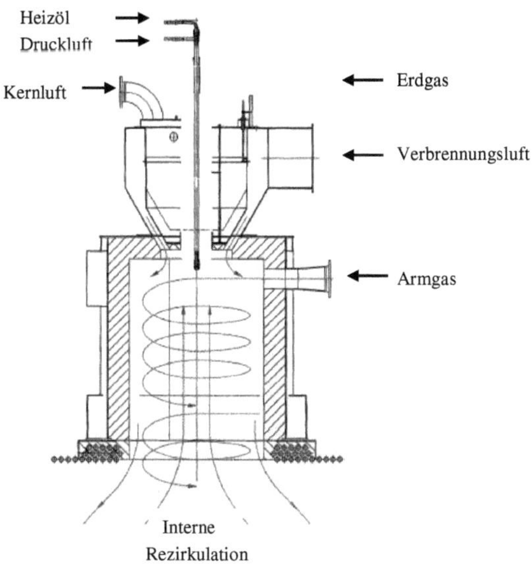

Bild 2.10 Bau und Funktionsprinzip des Drallbrenners SSB-LCG [98]

Porenbrenner

Bei dem Porenbrenner findet eine vorgemischte Verbrennung in einem inerten porösen Medium statt. Dabei stellt sich aufgrund der großen internen Oberfläche und des Wärmetransports im Festkörper ein thermisches Gleichgewicht zwischen der Gasphase in den Poren und dem Material ein. Eine freie Flamme ist nicht vorhanden und die Verbrennung wird innerhalb der porösen Matrix stabilisiert. Durch die homogene Temperaturverteilung im Porenbrenner wird der Schadstoffausstoß gemindert. Die Edukte werden durch den teilweisen Wärmetransport entgegen der Strömungsrichtung zusätzlich vorgewärmt. In Bild 2.11 ist der Porenbrenner schematisch dargestellt. Das brennbare Gasgemisch durchströmt zunächst die Region A, in der aufgrund der kleinen Porendurchmesser keine Flammenausbreitung erfolgen kann, wodurch diese Region als Flammenrückschlagsperre dient. Die Poren in Region C sind groß genug, um eine stationäre Verbrennung zuzulassen. Die Flamme stabilisiert bei der Verbrennung an der Grenze zwischen Region A und C. Als Vorteile des Porenbrenners sind die kompakte Bauweise, hohe Flächenlasten, Flexibilität gegenüber Gasqualitäten, große Leistungsdynamik und geringe Verbrennungsgeräusche zu nennen. Gleichzeitig muss aber erwähnt werden, dass die Entwicklung der Porenbrennertechnologie eng mit der Auswahl und Entwicklung geeigneter keramischer Werkstoffe verknüpft ist [99], [100]. In der Literatur wird von erfolgreichen Verbrennungsversuchen mit Schwachgasen verschiedener Zusammensetzung berichtet [88], [101]. Methanhaltige Schwachgase mit Heizwerten um 10 $MJ/m^3_{i.N.}$ (ohne Vorwärmung der Edukte) bzw. bis zu 2,2 $MJ/m^3_{i.N.}$ (mit Vorwärmung der Edukte auf 500 °C) sowie wasserstoffhaltige Schwachgase (Anodenrestgas) mit Heizwerten bis ca. 1,5 $MJ/m^3_{i.N.}$ (mit Eduktvorwärmung auf 500 °C) konnten stabil und mit geringen Emissionen verbrannt werden.

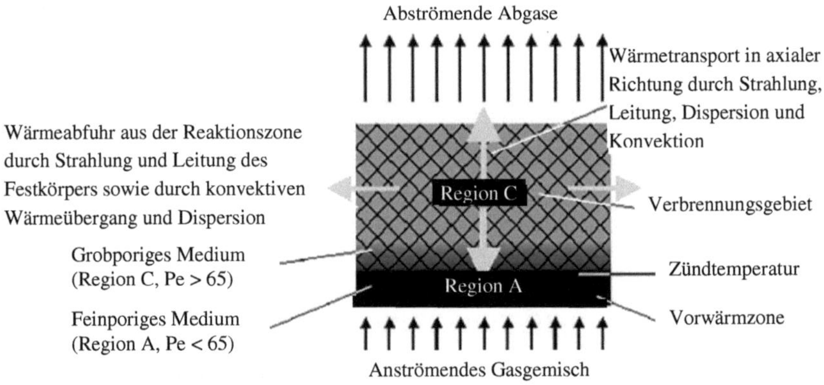

Bild 2.11 Schematische Darstellung eines Porenbrenners [99]

2.4 Flammlose Oxidation

Die Reduzierung von Abgasverlusten und eine Minderung der Emissionen waren Mittelpunkt der Entwicklungen für Erdgasbrenner in den letzten Jahrzehnten. Eine Möglichkeit den Wirkungsgrad zu erhöhen, ist die Nutzung der Enthalpie der heißen Abgase zur Vorwärmung der Verbrennungsluft [102]. Diese Maßnahme ist aber durch die daraus resultierende Erhöhung der Verbrennungstemperatur begrenzt, da sie zu einem starken Anstieg der thermisch gebildeten NOx-Emissionen führt. Die Kopplung der Wärmerückführung mit einer hohen Abgasrezirkulation wurde Anfang der 90er Jahre des vergangenen Jahrhunderts in Japan intensiv erforscht [103]. Unter der so genannten „High Temperature Air Combustion“ (HiTAC) versteht man die Verbrennung mit Luft, die auf Temperaturen oberhalb der Selbstzündungsgrenze vorgewärmt wird. Die Vorwärmung der Luft wird mittels Regeneratoren realisiert. Parallele Entwicklungen dieser Technologie sind in Europa unter dem Namen „MILD (moderate and intense low oxygen dilution) combustion“ (Italien) [104] und „Flammlose Oxidation“ (Deutschland) [105] und in den USA unter dem Namen „Low NOx Injection“ (LNI) [106] bekannt. „MILD combustion“ ist dabei als Verbrennung definiert, bei der die Selbstzündungstemperatur der Reaktionspartner niedriger ist als die Eintrittstemperatur der Reaktanden und höher als der maximale Temperaturanstieg im Brennraum aufgrund der ablaufenden Oxidationsreaktionen [107]. Das bedeutet, dass die Zündung bei der Verbrennung unter MILD-combustion-Bedingungen allein durch die mit hoher Temperatur in den Brennraum eintretenden Reaktionspartner erfolgt. Im Vergleich zu konventionellen Verbrennungsprozessen ist der durch die Oxidationsreaktionen erreichte Temperaturanstieg im Brennraum gering, da die Reaktionspartner unter MILD combustion-Bedingungen stark verdunnt vorliegen. Die Flammlose Oxidation (FLOX® - eingetragenes Warenzeichen der Fa. WS Wärmeprozesstechnik GmbH) wird ganz allgemein als „Stabile Verbrennung ohne Flamme mit definierter Rezirkulation von heißen Verbrennungsprodukten“ [108] bezeichnet. Trotz gewisser Unterschiede in Definition und der Charakteristik sind jedoch allen Technologien die Absenkung der adiabaten Verbrennungstemperatur aufgrund des höheren Wärmekapazitätsstroms selbst bei hoch vorgewärmter Luft durch hohe Abgasrezirkulationsraten und damit einer erheblichen Minderung der NOx-Emissionen bei gleichzeitig hohen Wirkungsgraden gemein. Im Folgenden werden die Grundlagen der Flammlosen Oxidation, deren Merkmale und Vorteile sowie die verschiedenen Anwendungsgebiete der Flammlosen Oxidation näher erläutert.

2.4.1 Funktionsprinzip der Flammlosen Oxidation

Ein wesentliches Merkmal der Flammlosen Oxidation ist die Rezirkulation von Verbrennungsprodukten in den einströmenden Brennstoff- und Luftmassenstrom. Das Ansaugen eines Vielfachen der Abgasmenge aus dem Brennraum wird durch die hohe Geschwindigkeit der eintretenden Ströme verursacht. Die hohe interne Abgasrezirkulation reduziert die Konzentrationen der eintretenden Edukte, wodurch die Reaktionsraten herabgesetzt werden und sich keine scharfe Flammenzone, charakterisiert durch hohe Temperaturspitzen, herausbilden kann. Die Oxidation des Brenngases läuft gleichmäßig über den gesamten Brennraum ab. Neben einer Mindestmenge an rezirkuliertem Abgas ist auch eine Mindesttemperatur im Brennraum für einen stabilen FLOX®-Betrieb notwendig. Die Stabilitätsgrenzen sind schematisch in Bild 2.12 dargestellt. Die Rezirkulationsrate K_V ist hier das Verhältnis von rezirkulierter Abgasmenge ($\dot{m}_{AG}$) zu der Summe aus Brennstoff- ($\dot{m}_{BS}$) und Luftmenge ($\dot{m}_L$).

$$K_V = \frac{\dot{m}_{AG}}{\dot{m}_{BS} + \dot{m}_L} \qquad \text{(Glg. 2.1)}$$

Ist die Rezirkulationsrate kleiner 50 % bildet sich bei allen Temperaturen eine am Brenner stabilisierte Flamme aus. Wird die rezirkulierte Abgasmenge aber weiter erhöht, hebt die Flamme vom Brenner ab und der Bereich der instabilen Verbrennung wird erreicht, was bei weiterer Erhöhung der Rezirkulationsrate und Brennraumtemperaturen unter Selbstzündungstemperatur zum Erlöschen der Flamme führt. Eine zweite stabile Verbrennungsregion wird aber bei einer Rezirkulationsrate von über 300 % und oberhalb der Selbstzündungsgrenze erreicht. Dieser Bereich ist durch eine nicht-sichtbare Flamme gekennzeichnet, der so genannten Flammlosen Oxidation.

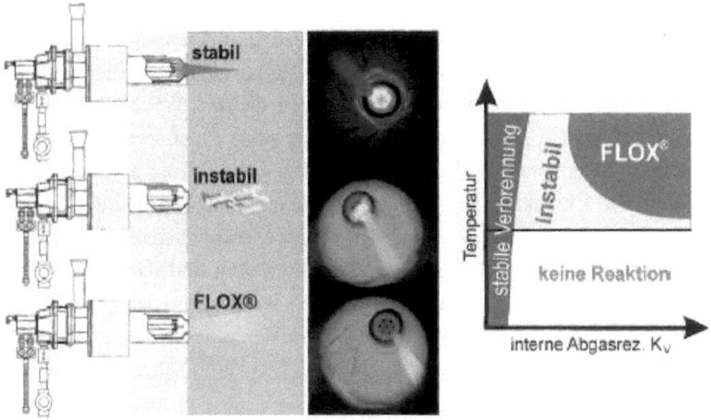

Bild 2.12 Stabilitätsgrenzen der Flammlosen Oxidation [108]

Die Stabilisierung bei der Flammlosen Oxidation erfolgt nicht mehr über den Brenner, sondern durch die Strömungsbedingungen im Brennraum, wodurch bisherige in der Flammenverbrennung eingesetzte Zünd- und Überwachungseinrichtungen entfallen [109]. Bei der Flammlosen Oxidation ist nur eine Überwachung der Brennraumtemperatur notwendig, die jederzeit über der Selbstzündungstemperatur liegen muss.

2.4.2 Grundlagen der Flammlosen Oxidation

Verschiedene experimentelle und numerische Untersuchungen [110]-[112] haben gezeigt, dass sich durch den Wechsel von Flammenverbrennung zur Flammlosen Oxidation deutliche Änderungen im Temperaturverlauf ergeben. Während sich im Flammenbetrieb ein deutliches Temperaturmaximum in Brennernähe ausbildet, liegt bei der Flammlosen Oxidation dort dagegen ein Temperaturminimum vor (Bild 2.13). Die Temperaturbelastung der Brennermündung ist dadurch wesentlich gemindert. Die adiabate Verbrennungstemperatur wird bei der Flammlosen Oxidation selbst bei höchster Luftvorwärmung drastisch abgesenkt und die thermische NO-Bildung nahezu vollständig unterdrückt. Die Temperaturspitzen können um mehrere hundert Kelvin abgesenkt werden und im Brennraum wird eine sehr homogene Temperaturverteilung beobachtet. Wie sehr die Spitzentemperaturen dabei gesenkt werden können, hängt stark mit der Höhe der Lufteintrittsgeschwindigkeit zusammen und damit der Menge an eingemischten Verbrennungsprodukten und der Eindringtiefe der sich ausbildenden Strahlen ab [110], [113].

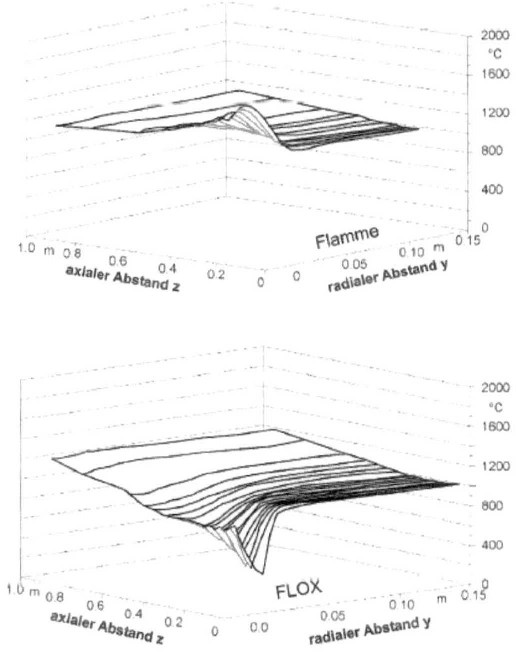

Bild 2.13 Temperaturverlauf bei der Flammenverbrennung und der Flammlosen Oxidation [108]

Ein weiteres Ergebnis, das beim Wechsel von Flammenverbrennung zur Flammlosen Oxidation beobachtet werden konnte, war die Änderung der Verbrennungsgeräusche.

Während der Geräuschpegel bei der Flammenverbrennung bei 98 dB(A) lag, wurde bei der Flammlosen Oxidation nur ein geringer Pegel von 82 dB(A) im Vergleich zu Strömungsgeräuschen ohne Reaktion von 78 dB(A) beobachtet [110].

Da aufgrund der nicht-sichtbaren Flamme eine Lokalisierung der Reaktionszone mit bloßem Auge unmöglich ist, wurden von PLESSING ET AL. [114] laserinduzierte prädissoziative Fluoreszenz-Messungen (OH-LIPF) durchgeführt, bei denen die bei der Verbrennung entstehenden OH-Radikale gemessen werden, womit es möglich wird, die Struktur der Reaktionszone bei der Flammlosen Oxidation von Methan näher zu charakterisieren. Dabei konnte eine Reaktionszone erst mit gewissem Abstand zur Brennerdüse lokalisiert werden, da erst dort ein Gemisch aus Brennstoff, vorgewärmter Luft und rezirkuliertem Abgas entsteht, das flammlos umgesetzt werden kann. Im Gegensatz zur vorgemischten Verbrennung sind bei der Flammlosen Oxidation aufgrund der hohen Verdünnung eine wesentlich schwächere Verteilung der OH-Radikale und keine zusammenhängende Flammenfront vorhanden. Die Verbrennung findet bei der Flammlosen Oxidation in einem ausgedehnten Reaktionsvolumen anstatt wie bei der vorgemischten Verbrennung nur in der Flammenfront statt.

In den vergangenen Jahrzehnten konzentrierten sich verschiedene Forschergruppen neben der experimentellen Untersuchung der Flammlosen Oxidation auch auf die Anwendung bzw. Entwicklung numerischer Modelle, um die geänderten Strömungs- und Reaktionsbedingungen der Flammlosen Oxidation abbilden zu können [116]-[119]. MANCINI ET AL. [116] führten verschiedene Simulationsrechnungen durch, um die NOx-Emissionen bei der Flammlosen Oxidation mit auf 1300 °C vorgewärmter Luft zu berechnen. Dabei wurden drei verschiedene Verbrennungsmodelle (EBU-Eddy Break-Up, EDC-Eddy Dissipation Concept, PDF-Probability Density Function) in Kombination mit dem IFRF-NOx-Modell getestet. Die Ergebnisse zeigen, dass die angewendeten Modelle in guter Übereinstimmung mit den experimentellen Daten von WEBER ET AL. [120] waren und bestätigen das NOx-Minderungspotential der Flammlosen Oxidation. Die Simulationen zeigen außerdem, dass das wenige NOx in einem dünnen länglichen Bereich zwischen Erdgas- und Luftstrahl über den thermischen Bildungsmechanismus gebildet wird. KIM ET AL. [121] untersuchte den Einfluss von verschiedenen Reaktionsmodellen auf die Vorhersage von Reaktionsproduktverteilungen und NO-Konzentrationen bei der Flammlosen Oxidation mit auf 1300 °C vorgewärmter Luft. Neben einem globalen Reaktionsmechanismus wurden ein modifizierter Reaktionsmechanismus nach BRINK ET AL. [122] und der oft genutzte detaillierte Mechanismus GRI 3.0 kombiniert mit dem NO-Reaktionsmechanismus von BRINK ET AL. [122] verwendet. Die Simulationsergebnisse wurden ebenfalls mit den experimentellen Daten von WEBER ET AL. [120] verglichen und zeigten eine gute Übereinstimmung von gemessenen und berechneten Geschwindigkeitsprofilen. Mit dem globalen Reaktionsmechanismus wird die Temperatur in Brennernähe überschätzt, während die beiden anderen Mechanismen die gleichmäßige Temperaturverteilung aufgrund der Berücksichtigung der langsamen Reaktionen im Mischungsbereich gut reproduzieren können. Hinsichtlich der CO- und NOx-Konzentrationen zeigen der modifizierte Reaktionsmechanismus nach BRINK ET AL. [122] und der detaillierte Mechanismus eine gute Übereinstimmung mit den experimentellen Ergebnissen. Der globale Mechanismus unterschätzt die CO- und NOx-Konzentrationen im Brennernahbereich. Die Ergebnisse zeigen, wie wichtig die genaue Vorhersage der Reaktionsraten bei der Flammlosen Oxidation ist, um die

CO- und NOx-Konzentrationen besonders im Brennernahbereich richtig bestimmen zu können.

Neben strömungsrelevanten und thermischen Bedingungen hat auch die Gaszusammensetzung einen Einfluss auf das Betriebsfenster der Flammlosen Oxidation. Ändert sich die Brenngaszusammensetzung und wird z. B. ein gewisser Anteil Wasserstoff dem Erdgas zugemischt, sind für einen FLOX®-Betrieb wesentlich höhere Rezirkulationsraten notwendig als es bei der reinen Erdgasverbrennung der Fall ist [117], [118], [123]. Während bei der reinen Methanverbrennung die Maximaltemperatur mit ansteigender Rezirkulationsrate stetig sinkt, wird bei der Methan/Wasserstoff-Verbrennung zunächst ein Ansteigen der Maximaltemperatur mit zunehmender Abgasrezirkulation beobachtet. Erst bei einer weiteren Erhöhung der Rezirkulationsrate sinkt auch für Methan/Wasserstoff-Gemische die Maximaltemperatur. Trotz der zunächst steigenden Maximaltemperatur nehmen für beide Gasgemische die NOx-Emissionen mit steigender Rezirkulationsrate kontinuierlich ab. Dies zeigt, dass nicht allein die Höhe der Maximaltemperatur, sondern auch die Größe der Zone mit Maximaltemperaturen, d. h. die Verweilzeit bei Maximaltemperaturen, wesentlich für die Bildung von NOx ist. Außerdem haben die Untersuchungen von VILLANI ET AL. [123] gezeigt, dass mit Wasserstoff in der Mischung eine vollständige Verbrennung länger gewährleistet ist als bei reiner Methanverbrennung. Da Wasserstoff sehr reaktiv ist und mehr Radikale gebildet werden, findet eine vollständige Oxidation der Kohlenwasserstoffe statt.

Die wichtigsten Merkmale und Vorteile der Flammlosen Oxidation sind in Tabelle 2.8 zusammengefasst.

Tabelle 2.8 Merkmale und Vorteile der Flammlosen Oxidation

Merkmale	Vorteile
• Hohe Luftvorwärmtemperaturen möglich • Hohe Abgasrezirkulationsraten • Temperatur im Brennraum muss über der Selbstzündungstemperatur liegen • Keine sichtbare Flamme • Keine hohen Temperaturgradienten • Gleichmäßige Temperaturverteilung • Verbrennung im gesamten Brennraum	• Energieeinsparung durch höhere Wirkungsgrade • Minderung von Schadstoffemissionen • Geringe Verbrennungsgeräusche • Gleichmäßige Wärmestromdichten • Einfache Brennergeometrie • Keine Flammenüberwachung notwendig

2.4.3 Anwendungsgebiete für die Flammlose Oxidation

Die Flammlose Oxidation ist aufgrund ihres erheblichen NOx-Minderungspotentials bei Verwendung von hoch vorgewärmter Luft besonders für den Einsatz in Hochtemperaturprozessen geeignet. Eine Vielzahl von erdgasbefeuerten FLOX®-Brennern werden bereits bei Wärmebe-

handlungsverfahren in der Stahlindustrie eingesetzt [124]-[126]. Entsprechendes Potential liegt auch in Anwendungen der Glas- und Keramikindustrie [127], [128].
Aufgrund der Vorteile der Flammlosen Oxidation (hohe Wärmestromdichten, geringe Emissionen, gleichmäßige Temperaturverteilung) konzentrieren sich aktuelle Entwicklungs- und Forschungsarbeiten ebenfalls auf die Anwendung der FLOX®-Technologie für Reformer [129] und (Mikro-) Gasturbinen [89]-[91]. Um den speziellen Anforderungen bei der Anwendung der FLOX®-Technik für Gasturbinen gerecht zu werden, wurden von AL-HALBOUNI ET AL. [91] verschiedene Brennertypen mittels numerischer Simulationen untersucht. Dabei zeigte sich, dass im Gegensatz zu einem Eindüsen- und Mehrdüsen-Konzept eine Kombination aus beiden durch seine hohen spezifischen Wärmedichten (10,5 MW/m^3) bei gleichmäßiger Temperaturverteilung und hoher Abgasrezirkulation am besten geeignet ist. Experimentelle Untersuchungen an einem Multi-Single-Düsen-Brenner zeigen in Übereinstimmung mit den numerischen Simulationen eine kurze Reaktionszone nahe dem Brenner sowie sehr geringe CO- und NOx-Emissionen kleiner 10 ppm.
Neben Erdgas ist auch der Einsatz von anderen Brennstoffen möglich, da bei FLOX®-Brennern keine Flamme stabilisiert werden muss und sie daher sehr flexibel gegenüber anderen Brennstoffen sind. Neben der Nutzung von Erdgas wurde in der Vergangenheit und aktuell auch die Flammlose Oxidation von niederkalorischen Gasen (siehe Kapitel 2.3.3 „Schwachgasbrenner"), flüssigen (z. B. Heizöl) und festen Brennstoffen (z. B. Kohle) untersucht [89]-[93], [115], [130]-[134]. Bei diesen Brennstoffen spielen neben den thermisch gebildeten NOx-Emissionen auch die aus dem Brennstoffstickstoff gebildeten NOx-Emissionen eine wesentliche Rolle. Bei der Verbrennung von Kohle wird der Stickstoff sowohl über die Flüchtigen, hauptsächlich in Form von NH_3 und HCN, als auch über den noch im Restkoks enthaltenen Stickstoff freigesetzt. Die weitere Konversion der gasförmigen Stickstoffverbindungen zu entweder NOx oder N_2 kann sehr gut durch die Verbrennungsbedingungen beeinflusst werden. Ziel ist es daher, die Freisetzung des Stickstoffs mit den Flüchtigen zu fördern, um anschließend reduzierende Bedingungen zu schaffen, um die gasförmigen Stickstoffverbindungen zu N_2 zu reduzieren. Die Flammlose Oxidation stellt hierbei eine gute Möglichkeit dar, hohe Aufheizraten zu schaffen, um die Freisetzungsrate der Flüchtigen zu verbessern, ohne die NOx-Emissionen aufgrund der höheren Temperaturen zu steigern. In den Untersuchungen von WEBER ET AL. [115] konnten trotz hoher Stickstoffgehalte in der Kohle (N = 1,49 Ma-%) niedrige NOx-Emissionen zwischen 160 und 175 ppm erzielt werden.

3 Arbeitsprogramm und Untersuchungsmethoden

In diesem Kapitel wird zunächst das Arbeitsprogramm beschrieben, das die Optimierung einer Vorofenfeuerung durch Entwicklung und Integration eines Schwachgasbrenners basierend auf der Flammlosen Oxidation zum Ziel hat. Es werden die eingesetzte Feuerungsanlage, die Integration des entwickelten Schwachgasbrenners in die Feuerungsanlage sowie die für die Bewertung des Betriebs- und Emissionsverhalten erforderliche Mess- und Probenahmetechnik vorgestellt. Weiterhin erfolgen eine Charakterisierung der eingesetzten Brennstoffe sowie die Darstellung der durchgeführten Versuche und eine Bewertung der Qualität der Messergebnisse. Zuletzt werden die Grundlagen und Randbedingungen für die Simulationsrechnungen vorgestellt, die zur Unterstützung der Entwicklung und Optimierung des Schwachgasbrenners herangezogen wurden.

3.1 Arbeitsprogramm

Bisherige Anlagen zur thermischen Nutzung von Biomasse sind größtenteils auf die Verwendung von Holzpellets oder Holzhackschnitzeln beschränkt. Eine Nutzung minderwertigerer Biomassen ist in diesen Anlagen nur begrenzt möglich, da schwierigere Biobrennstoffe, wie in Abschnitt 2.2.1 erläutert, eine angepasste und optimierte Feuerungstechnik erfordern. Für die hier durchgeführten Arbeiten wurde eine Vorofenfeuerung ausgewählt, die mit ihrer räumlich getrennten Luftstufung unter den bekannten Anlagentypen als ein aussichtsreiches Konzept angesehen wird und in der vorliegenden Arbeit für die Nutzung biogener Reststoffe weiterentwickelt werden soll. Das Arbeitsprogramm und die Vorgehensweise bei der Entwicklung der optimierten Feuerungsanlage ist Bild 3.1 dargestellt. Die Untersuchungen beginnen zunächst mit einer Bewertung, inwieweit eine konventionelle Vorofenfeuerung für biogene Reststoffe geeignet ist. In ersten experimentellen Untersuchungen werden verschiedene Biomassen in der Vorofenfeuerung verbrannt und der Einfluss der Betriebsbedingungen auf die Abgasemissionen untersucht. Da die Ausbrandzone der Vorofenfeuerung den Anforderungen für eine Nutzung biogener Reststoffe nur unzureichend genügt, wird im Folgenden ein für die Feuerung angepasster Brenner nach dem Prinzip der Flammlosen Oxidation entwickelt, der die im Vorofen entstandenen Gase optimal umsetzen und die bisherige Sekundärstufe ersetzen soll. Die Auslegung eines solchen Brenners erfordert u. a. die Kenntnis der Produktgaszusammensetzung. In weiteren Untersuchungen wird durch die Entnahme von Produktgasteilströmen die Zusammensetzung des entstandenen Gases analysiert. Basierend auf den Ergebnissen der experimentellen Untersuchungen sowie den speziellen Anforderungen, die durch das Verbrennungsprinzip gegeben sind, wird ein erster Brenner-Prototyp entwickelt und in die Vorofenfeuerung integriert.

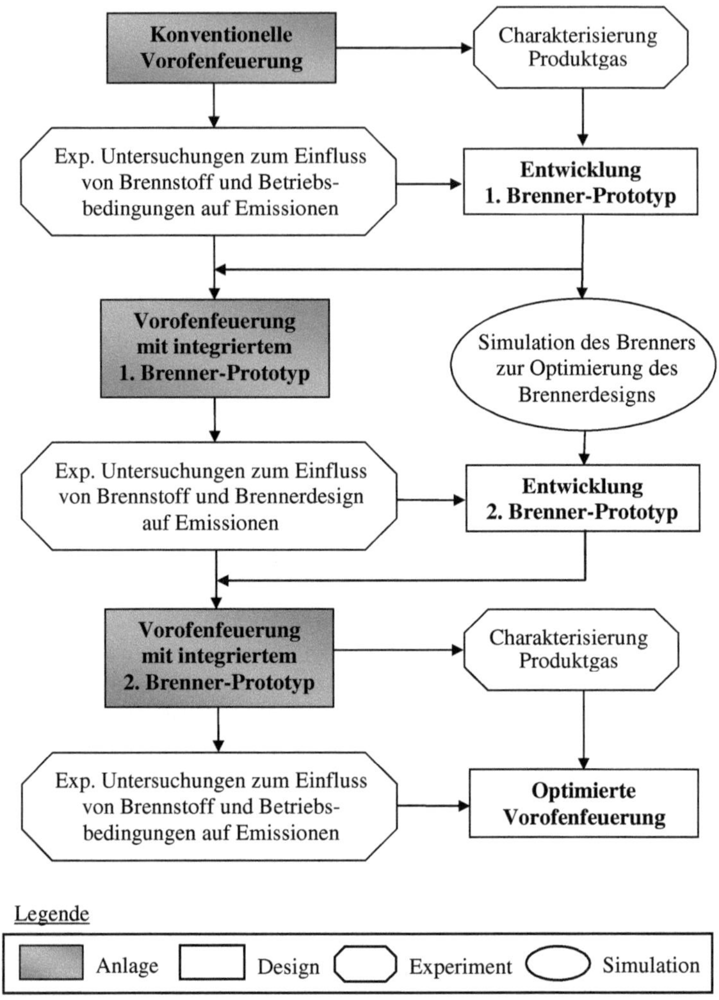

Bild 3.1: Arbeitsprogramm zur Entwicklung einer optimierten Vorofenfeuerung

Die verschiedenen Biomassen werden dann erneut in der Versuchsanlage getestet und der Einfluss der Brennerintegration sowie des Brennerdesigns auf die Abgasemissionen untersucht. Parallel werden Ergebnisse aus Simulationsrechnungen für eine weitere Optimierung des Brennerdesigns herangezogen.

Die Ergebnisse aus den experimentellen Untersuchungen mit dem ersten Brenner-Prototyp sowie die Ergebnisse aus den Simulationsrechnungen fließen in das Design des zweiten Brenner-Prototyps ein. Der erste Brenner-Prototyp wird durch den zweiten Brenner-Prototyp in der Vorofenfeuerung ersetzt und getestet. Neben experimentellen Untersuchungen zum Betriebsverhalten des Brenners und zum Einfluss der Betriebsbedingungen auf die Abgasemissionen erfolgt eine detaillierte Charakterisierung der Produktgase, die aus stickstoffreichen Biomassen entstanden sind, unter spezieller Berücksichtigung der NO-Vorläufersubstanzen Ammoniak und Cyanwasserstoff. Diese Ergebnisse führen letztendlich zu einem Designvorschlag für eine optimierte Vorofenfeuerung für stickstoffreiche Reststoffe.

3.2 Anlagenbeschreibung

Für die Entwicklung einer optimierten Feuerungsanlage zur Verwertung biogener Reststoffe wurde zunächst eine kommerzielle Vorofenfeuerung der Firma WVT Wärmeprozesstechnik GmbH im Technikum des IFK aufgebaut und auf ihre Eignung für den Einsatz biogener Reststoffe getestet. Im weiteren Verlauf der Arbeit wurden verschiedene Schwachgasbrenner-Prototypen entwickelt, die in die Vorofenfeuerung integriert und anschließend im Betrieb getestet wurden. Im Folgenden sollen der Aufbau und die Betriebsweise der Versuchsanlage sowohl in der ursprünglichen Bauweise als auch mit dem integrierten Schwachgasbrenner erläutert werden.

3.2.1 Vorofenfeuerung

In Bild 3.2 ist das Anlagenschema der im Technikum des IFK installierten 120 kW Vorofenfeuerung der Firma WVT Wärmeprozesstechnik GmbH dargestellt. Laut Herstellerangaben können in der Vorofenfeuerung Holzpellets und Holzhackschnitzel als Brennstoffe eingesetzt werden. Die Feuerung ist räumlich in einen Primär- (Vorofen) und Sekundärteil (Ausbrandzone) getrennt und verfügt über eine λ- und Temperaturregelung. Die Primär- und Sekundärluft wird über separate Gebläse zugeführt. Die Ausbrandzone ist im Kessel integriert und besteht aus zwei übereinander liegenden Brennkammern. Im Betrieb gelangt der Brennstoff über einen Vorratsbehälter und ein Dosiersystem, bestehend aus zwei Förderschnecken und einer Zellradschleuse, in den Vorofen. Die Brennstoffmenge kann durch die Taktung der ersten Dosierschnecke variiert werden. Im Vorofen wird der Brennstoff auf einem Vorschubrost durch die Zugabe von Primärluft unterhalb des Rostes entgast. Der Brennstoffkoks wird weiter in Richtung Ascheschnecke transportiert und vollständig umgesetzt. Die Entgasungsgase gelangen über das Flammrohr in die Ausbrandzone. An den Seitenwänden des Flammrohrs wird die Sekundärluft durch je drei Öffnungen zugegeben. In den nachfolgenden Brennkammern werden noch unverbrannte Bestandteile vollständig umgesetzt.

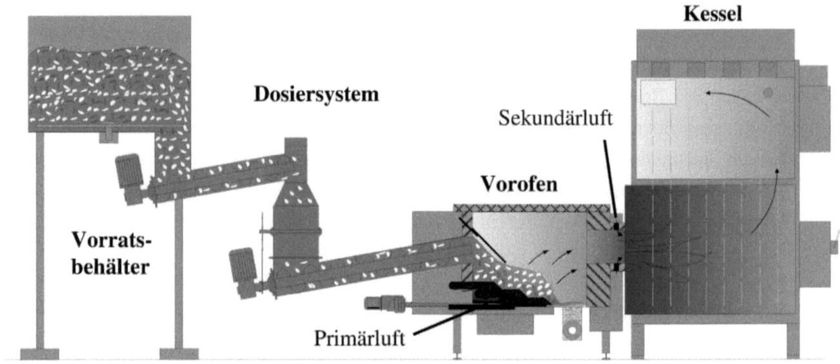

Bild 3.2: Anlagenschema der Vorofenfeuerung

3.2.2 Vorofenfeuerung mit FLOX®-Brenner

Für die Nutzung von biogenen Reststoffen, aber auch für einen optimierten Betrieb der Vorofenfeuerung mit Holzpellets und Holzhackschnitzeln wurde die Sekundärstufe der Vorofenfeuerung durch einen in dieser Arbeit entwickelten Schwachgasbrenner basierend auf der Flammlosen Oxidation ersetzt (Bild 3.3).

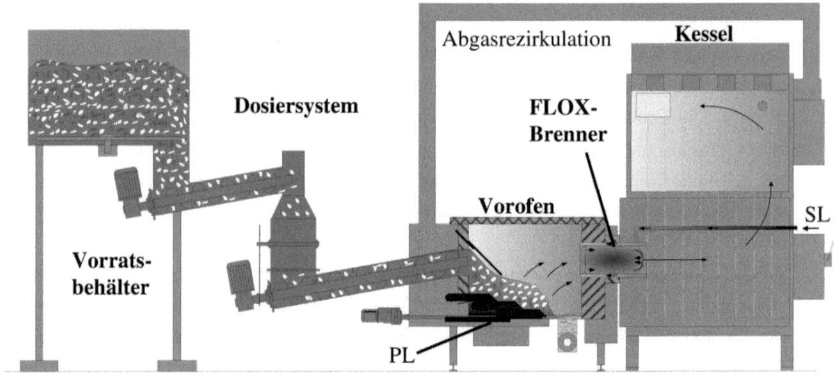

Bild 3.3: Anlagenschema der Vorofenfeuerung mit integriertem FLOX®-Brenner (PL...Primärluft, SL...Sekundärluft)

Zur Verbesserung des Luftstufungskonzeptes und damit auch zur Verbesserung der Gasqualität wird der Vorofen unter verringerter Luftzufuhr, also als Festbett-Vergaser, betrieben. Das im Festbett-Vergaser (Vorofen) entstandene Vergasungsgas wird anschließend in dem Schwachgasbrenner, der in das Flammrohr der Vorofenfeuerung integriert wurde, verbrannt. Um den Anteil an Sauerstoff im Vorofen abzusenken, wurde später eine externe Abgasrezirkulation installiert.

Der Schwachgasbrenner ist ein Mehrdüsenbrenner und basiert auf dem Prinzip der Flammlosen Oxidation. Weitere Details zum Brennerdesign sind in Abschnitt 5.1.2 bzw. 5.2.1 erläutert.

3.3 Mess- und Probenahmetechnik

Im Folgenden werden die verschiedenen Mess- und Probenahmetechniken beschrieben, die zur Beurteilung des Anlagenbetriebs, des Emissionsverhaltens und zur Charakterisierung des im Vorofen erzeugten Produktgases in dieser Arbeit durchgeführt wurden. In Bild 3.4 ist der Messaufbau der Versuchsanlage schematisch dargestellt.

Zur Bewertung des Emissionsverhaltens der beiden untersuchten Feuerungsanlagen wurden kontinuierliche Gasanalysen des Abgases durchgeführt. Kontinuierlich gemessen wurden die Abgaskomponenten Kohlenmonoxid (CO), Kohlendioxid (CO_2), Sauerstoff (O_2), Stickstoffmonoxid (NO) und Stickstoffdioxid (NO_2). Die Charakterisierung des im Vorofen erzeugten Produktgases erfolgte für die nicht-kondensierbaren Gasbestandteile Kohlenmonoxid (CO), Kohlendioxid (CO_2), Methan (CH_4), Wasserstoff (H_2) und Sauerstoff (O_2) kontinuierlich und für die kondensierbaren und als NO-Vorläufer bekannten Komponenten Ammoniak und Cyanwasserstoff nass-chemisch.

Während des Versuchsbetriebs wurden an verschiedenen Stellen der Anlage außerdem kontinuierlich die Temperatur im Vorofen, im Brenner und in der zweiten Brennkammer sowie die Temperaturen der Lüfte und des Abgases gemessen. Alle gemessenen Größen werden mit Hilfe einer Messwerterfassung aufgezeichnet. Die Bestimmung der Luftmengen erfolgt über Venturidüsen-Messstrecken. Die gemessenen Differenzdrücke werden mittels Wandler als elektronisches Signal an die Datenerfassung weitergeleitet und dort verarbeitet. Die zudosierte Brennstoffmenge wird über die Taktfrequenz der Dosierschnecke und der im Vorfeld aufgenommenen Kalibrierkurve berechnet und kontinuierlich über die Messwerterfassung aufgezeichnet. Zusätzlich werden die Vor- und Rücklauftemperaturen des Kesselwassers und die umlaufende Wassermenge handschriftlich festgehalten.

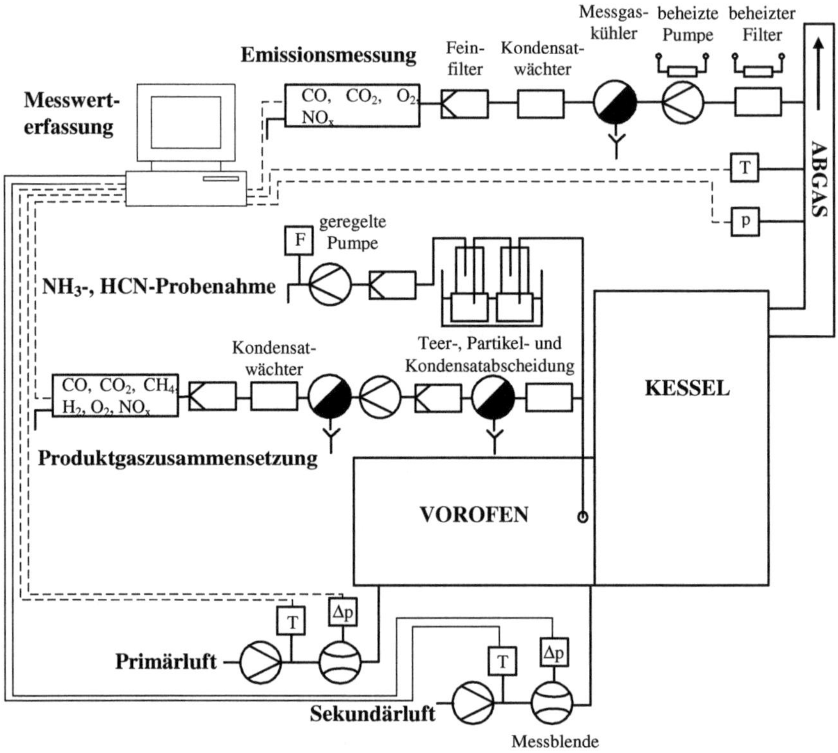

Bild 3.4: Schematische Darstellung der Mess- und Probenahmetechnik

3.3.1 Probenahme

Emissionsmessung

Die repräsentative Entnahme der Abgasprobe erfolgte mit Hilfe einer gelochten Sonde über den gesamten Querschnitt des Abgasrohres. Der Abgasteilstrom wurde über eine beheizte Pumpe mit vorgeschaltetem beheiztem Filter angesaugt und dem Messgaskühler zugeführt. Dort wurde der im Abgas befindliche Wasserdampf auskondensiert. Die Emissionsmessungen sind folglich auf trockenes Abgasvolumen bezogen. Die Dichtheit der Messgasleitung wurde vor Beginn eines jeden Messtages mittels Prüfgasaufgabe geprüft.

Produktgaszusammensetzung

Zur Charakterisierung der Produktgasqualität werden die Produktgaskomponenten CO, CO_2, CH_4, H_2 und O_2 während stationärer Betriebsbedingungen über einen Zeitraum von ca. 10 min kontinuierlich gemessen. Die Entnahme der Produktgasprobe erfolgte mit einer Entnahmesonde, die durch einen Messstutzen am Ende des Vorofens eingeführt wird. Die Öffnung der Entnahmesonde befindet sich direkt vor dem Übergang zum Flammrohr. Um die Messgaspumpe sowie die Messgeräte vor Verschmutzungen durch Produktgasinhaltsstoffe, wie Teere und Asche, zu schützen, muss das Produktgas vor Eingang in die Messgeräte gereinigt werden. Das Produktgas wird zunächst über eine erste Reinigungsstufe grob gereinigt und Teere, Partikel und Wasserdampf aus dem Produktgas abgeschieden. Ein weiterer nachgeschalteter Feinfilter verhindert das Eindringen von noch im Produktgas verbliebenen Partikeln in die Messgaspumpe. Bevor das Produktgas den Messgeräten zugeführt wird, erfolgt eine weitere Messgaskühlung, um das restliche im Produktgas befindliche Wasser abzuscheiden. Die Produktgaskonzentrationen sind folglich wie die Abgasemissionen ebenfalls auf trockenes Abgasvolumen bezogen. Die Dichtheit der Messgasleitung wurde vor Beginn eines jeden Messtages mittels Prüfgasaufgabe geprüft.

NH_3- und HCN-Probenahme

Zur Beurteilung der Gaszusammensetzung hinsichtlich NO-Vorläufersubstanzen wurden weiterhin die Konzentrationen an Ammoniak und Cyanwasserstoff nass-chemisch bestimmt. Ein Teilstrom des Produktgases wird dazu mit Hilfe einer Probenahmesonde, die am Ende des Vorofens installiert ist, abgesaugt und über zwei Waschflaschen, die jeweils mit dem entsprechenden Lösungsmittel gefüllt sind, geführt. Die Waschflaschen befinden sich in einem Eisbad, um die jeweilige Komponente auszukondensieren und mit Hilfe der Lösungsmittel in Lösung zu bringen. Für die Bestimmung von Ammoniak wurde eine 0.01 mol/l H_2SO_4-Lösung und für die Bestimmung von Cyanwasserstoff eine 2.0 mol/l NaOH-Lösung verwendet. Die wichtigsten Parameter der Probenahme sind in Tabelle 3.1 zusammengefasst.

Tabelle 3.1: Parameter der NH_3-, HCN-Probenahme

	Ammoniak	**Cyanwasserstoff**
Lösungsmittel	0,01 mol/l H_2SO_4	2,0 mol/l NaOH
Lösungsmittelmenge	mindestens 400 ml	mindestens 200 ml
Kühlbadtemperatur	~ 0 °C	~ 0 °C
Gasdurchfluss	2 l/min	2 l/min
Gasmenge	0,01-0,04 m^3	0,01-0,04 m^3
Probenahmedauer	5-20 min	5-20 min

Der Teilstrom des Produktgases wird durch eine Gaspumpe am Ende der Probenahmestrecke geregelt und durch eine integrierte Durchflussmengenmessung sowie Druck- und Temperaturaufnehmer in Normkubikmeter bestimmt. Ein Sicherheitsfilter vor der Gaspumpe verhindert das Eindringen von Partikeln in die Gaspumpe. Bei der Probenahme ist darauf zu achten, dass die Probenahmestrecke zwischen Messstelle und Waschflaschen so kurz wie möglich gehalten wird und möglichst thermisch isoliert ist, um ein vorzeitiges Auskondensieren von Wasser und damit ein Auswaschen von Ammoniak zu vermeiden. Die Probenahmestrecke ist in Bild 3.4 dargestellt. Die Inhalte der Waschflaschen werden anschließend zusammengefüllt. Sämtliche Probenahmeutensilien werden mit dem entsprechenden Lösungsmittel gespült, die Flüssigkeiten gesammelt und ebenfalls der Probe beigemengt. Der Gehalt an Ammoniak und Cyanwasserstoff wurde anschließend durch das Labor für Umwelt- und Produktanalytik der DEKRA Umwelt GmbH entsprechend VDI 2461/2 [135] und DIN 38406 E5 [136] analysiert. Für jede Messung wurde eine Doppel- bzw. Dreifachbestimmung durchgeführt. Die Konzentrationen an Ammoniak und Cyanwasserstoff werden als Mittelwerte der Mehrfachbestimmungen angegeben.

3.3.2 Laboranalysen

Zur Charakterisierung der eingesetzten Brennstoffe wurden vor Versuchsbeginn folgende Analysen im institutseigenen Labor durchgeführt:

- *Kurzanalyse*: Bestimmung der Anteile an Wasser, flüchtigen Bestandteilen, festem Kohlenstoff (Fixed C) und Asche im Brennstoff entsprechend DIN 51718, DIN 51719 und DIN 51720 [137], [138], [139]
- *Elementaranalyse*: Bestimmung der Anteile an Kohlenstoff, Wasserstoff, Stickstoff, Schwefel und Sauerstoff im Brennstoff entsprechend einer institutseigenen Methode in Anlehnung an DIN- und ASTM-Methoden
- *Brennwertanalyse:* Bestimmung des Brennwerts der Brennstoffprobe nach dem Standard DIN 51900 Teil 1+3 [140], [141]
- *Chlorbestimmung:* Bestimmung des Chlorgehaltes in der Brennstoffprobe nach DIN 51727 [142]
- *Ascheschmelzverhalten:* Die Bestimmung des Ascheschmelzverhaltens nach einem am Institut entwickelten Verfahren und in Anlehnung an ASTM D1857 [143] und DIN 51730 [144]
- *Aschezusammensetzung:* Bestimmung der Aschezusammensetzung nach DIN 51 729-10 [145]

3.3.3 Kontinuierliche Gasanalyse

Zur kontinuierlichen Messung der Abgaszusammensetzung sowie zur Charakterisierung der Produktgaszusammensetzung wurden die in Tabelle 3.2 aufgelisteten Messgeräte verwendet. Neben dem Messbereich der Geräte sind auch das Messprinzip und der Hersteller angegeben.

Tabelle 3.2: Übersicht über die eingesetzten kontinuierlichen Gasmessgeräte

	Gaskomponente	Messbereiche	Messprinzip	Hersteller
Abgas	CO	0-1000 ppmv	NDIR-Absorption	Fisher-Rosemount
		0-1 Vol-%	NDIR-Absorption	Fisher-Rosemount
	CO_2	0-20 Vol-%	NDIR-Absorption	Fisher-Rosemount
	O_2	0-25 Vol-%	Paramagnetismus	Fisher-Rosemount
	NO, NO_2	0-1000 ppmv	Chemilumineszenz	Eco Physics
		0-10000 ppmv	Chemilumineszenz	Eco Physics
Produktgas	CO	0-50 Vol-%	NDIR-Absorption	ABB
	CO_2	0-30 Vol-%	NDIR-Absorption	ABB
	CH_4	0-20 Vol-%	NDIR-Absorption	ABB
	H_2	0-100 Vol-%	Wärmeleitfähigkeit	ABB
	O_2	0-25 Vol-%	Paramagnetismus	ABB
	NO, NO_2	0-1000 ppmv	Chemilumineszenz	Eco Physics

Da die eingesetzten Messgeräte einen linearen Zusammenhang zwischen Messsignal und gemessener Gaskonzentration aufweisen, war es möglich, die angezeigten Messwerte mittels Zwei-Punkt-Kalibrierung zu überprüfen. Zu Beginn und am Ende jeden Versuchstages wurde eine Kalibrierung durchgeführt. Für die Nullpunktskalibrierung wurde Stickstoff eingesetzt und für die Spreizung Prüfgasmischungen aus Stickstoff und der jeweiligen zu bestimmenden Gaskomponente. Die Abweichungen wurden protokolliert und später bei der Auswertung der Messdaten eingearbeitet. Aus den Zwei-Punkt-Kalibrierungen zu Beginn und am Ende des Versuchstages wurden die entsprechenden Kalibrierfunktionen berechnet und mit den jeweiligen Messdaten des Tages verrechnet.

3.3.4 Temperaturmessung

In der Vorofenfeuerung sind von Herstellerseite bereits zwei kontinuierliche Temperaturmessungen, eine am Eingang der zweiten Brennkammer, die andere im Abgaskanal installiert. Die Temperaturmessung erfolgt hierbei über Temperatursensoren des Typs PT 100. Zur genaueren Charakterisierung des Brennerbetriebs wurden nach Entwicklung des Schwachgas-

brenners und erfolgter Installation in die Vorofenfeuerung drei weitere Temperaturmessstellen an der Versuchsanlage eingerichtet. Mit Hilfe von NiCr-Ni-Thermoelementen des Typs K konnten die Temperaturen am Ende des Vorofens, in der Mitte des Brenners sowie die Temperatur der vorgewärmten Verbrennungsluft kontinuierlich gemessen werden. In Bild 3.5 sind die Temperaturmessstellen an der Versuchsanlage dargestellt.
Weiterhin wurden die Temperaturen der Primär- sowie Sekundärluft in den entsprechenden Zuführungskanälen in direkter Nähe zu den jeweiligen Messblenden durch NiCr-Ni-Thermoelemente gemessen (Bild 3.4) und später bei der Berechnung der Luftmengen verwendet (Abschnitt 3.3.5).
Die Temperatursignale wurden mittels galvanisch getrennter Messumformer linearisiert und anschließend über das Messwerterfassungssystem kontinuierlich aufgezeichnet.

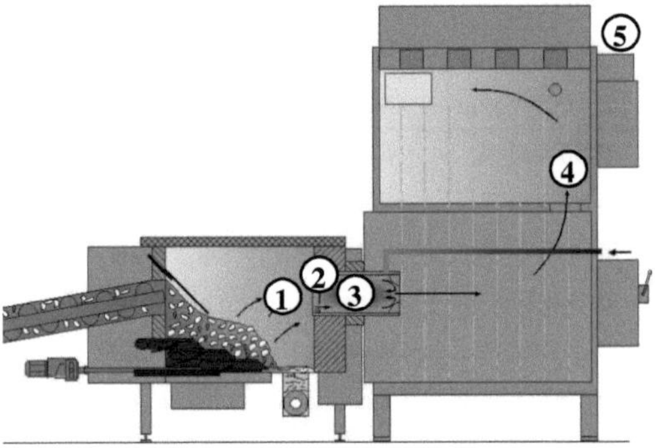

1. Temperatur Vorofen
2. Temperatur Verbrennungsluft
3. Temperatur Brenner
4. Temperatur 2. Brennkammer
5. Temperatur Abgas

Bild 3.5: Temperaturmessstellen der Vorofenfeuerung

3.3.5 Luft-, Abgas- und Brennstoffmengenmessung

Während der Versuche wurden die Mengenströme von zugegebener Luft, rezirkuliertem Abgas und Brennstoff messtechnisch erfasst.

Luftmengenmessung

Die Luftmengenmessung wurde entsprechend der Norm DIN EN ISO 5167-3 [146] mit Venturidüsen durchgeführt. Die Venturidüsen wurden in eine dafür konzipierte Messstrecke installiert. Um eine störungsfreie Strömung zu garantieren, müssen entsprechend lange Ein- und Auslaufstrecken vorgesehen werden. Bei den hier installierten Rohrleitungen der Messstrecken beträgt die Einlaufstrecke ein 30-faches und die Auslaufstrecke ein 10-faches des inneren Rohrdurchmessers. Damit ist eine störungsfreie Strömung sichergestellt. Durchströmt

die Luft nun die Düse, wird eine Differenz der statischen Drücke zwischen dem Einlauf und der Drosselstrecke erzeugt.
Die durchströmte Luftmenge kann aus dem gemessenen Wirkdruck, aus den Stoffdaten der Luft sowie den geometrischen Daten der Düse berechnet werden [146].
Die Temperatur und der Differenzdruck wurden kontinuierlich gemessen und mittels Wandler als elektronisches Signal an die Messwerterfassung übertragen. Der Druck wurde mit einem Handmessgerät gemessen und handschriftlich aufgezeichnet.

Bestimmung der rezirkulierten Abgasmenge
Die Messung der rezirkulierten Abgasmenge erfolgte mit Hilfe eines in der Abgasleitung installierten Flügelrad-Anemometers des Typs ZS25/27GE-mn20/370-2/p6 der Firma Höntzsch GmbH. Bei der Messung mit einem Flügelrad-Anemometer wird die Drehzahl des Flügelrades gemessen, die sich proportional zur Geschwindigkeit des Abgases in der Abgasleitung verhält. Aus der ermittelten Geschwindigkeit kann die Menge an rezirkulierten Abgas berechnet werden.
Ebenso wie bei der Luftmengenmessung ist bei der Abgasmengenmessung darauf zu achten, dass die Messung in einer störungsfreien Strömung erfolgt. Die erforderlichen Ein- und Auslaufstrecken von dem 20-fachen bzw. 5-fachen Innendurchmesser des Abgasrohres wurden sicher eingehalten.

Brennstoffmengenmessung
Die in die Anlage geförderte Brennstoffmenge kann durch die Frequenz oder Taktung der Dosierschnecke variiert werden. Um die während der Versuche geförderte Brennstoffmenge erfassen zu können, muss im Vorfeld der Versuche eine Dosierkurve experimentell ermittelt werden. Da die eingesetzten Brennstoffe unterschiedliche Schüttdichten aufweisen, wird für jeden eingesetzten Brennstoff eine entsprechende Dosierkurve aufgenommen. Die in Abhängigkeit der Dosierschneckenfrequenz zudosierte Brennstoffmenge jedes Brennstoffes ist in Bild 3.6 zu sehen. Die dargestellten Werte stellen Mittelwerte aus mindestens drei Messungen dar. Die für die jeweiligen Messungen berechneten Standardabweichungen sind ebenfalls im Diagramm gezeigt.
Es ist deutlich zu erkennen, dass die Weizen- und Rapskuchenpellets ein ähnliches Dosierverhalten aufweisen. Dies ist auf eine ähnliche Schüttdichte zurückzuführen, die durch die Pelletierung erreicht wurde. Die Weizenspelzen und Holzhackschnitzel zeigen dagegen ein stark unterschiedliches Dosierverhalten, das nicht nur auf die Unterschiede in der Schüttdichte sondern auch auf die stark unterschiedliche Partikelgröße zurückzuführen ist. Durch die hohe Schüttdichte der Weizenspelzen führen bereits kleine Änderungen in der Dosierschneckenfrequenz zu großen Änderungen in der zugeführten Brennstoffmenge. Außerdem ist für den Fall der Weizenspelzendosierung deutlich zu erkennen, dass erst eine bestimmte Dosierschneckenfrequenz gewährleistet sein muss, um überhaupt Brennstoff in den Vorofen zu fördern. Hier

ist zu erwähnen, dass die an der Anlage eingebaute Dosierschnecke für die Dosierung von Holzhackschnitzeln konzipiert wurde. Die Dosierschnecke schließt nicht bündig mit dem Inneren des Dosierrohres ab, wodurch es aufgrund der geringen Partikelgröße der Weizenspelzen bei geringen Dosierschneckenfrequenzen zu einem Schlupf der Weizenspelzen kommt und kein Transport der Weizenspelzen in die Vorofenfeuerung stattfindet.

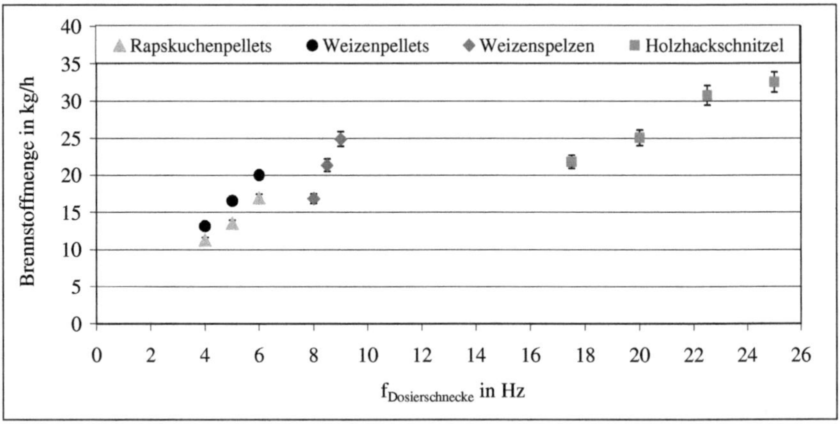

Bild 3.6: Dosierkurven der verwendeten Brennstoffe

3.4 Versuchsdurchführung

3.4.1 Eingesetzte Brennstoffe

In der vorliegenden Arbeit wurden verschiedene Biomassearten auf ihre Eignung und ihren Einsatz in Vorofenfeuerungen untersucht. Als Referenzbrennstoff wurden naturbelassene Holzhackschnitzel verwendet. Zusätzlich wurden biogene Reststoffe aus der landwirtschaftlichen Produktion eingesetzt, die im Bezug auf ihr Verbrennungsverhalten als schwierig bewertet werden.

Die Versuche mit der konventionellen Vorofenfeuerung wurden mit den Biomassen Holzhackschnitzel, Weizenspelzen und Rapskuchen durchgeführt. Bei den Versuchen mit dem integrierten Schwachgasbrenner wurden die Biomassen Holzhackschnitzel, Weizenspelzen, Rapskuchen und zusätzlich Weizenpellets getestet. Aufgrund der unzureichenden Partikelgröße des Rapskuchens und der damit entstandenen Betriebsprobleme während der Versuche mit der konventionellen Vorofenfeuerung wurde der Rapskuchen für spätere Untersuchungen in Pelletform verwendet. Die Durchführung der Versuche mit Weizenspelzen war prinzipiell möglich, dennoch wurden große Unterschiede der Abgasemissionen bei konstanten Versuchs-

bedingungen beobachtet, die auf schwankende Entgasungsbedingungen auf dem Rost aufgrund des dichten Brennstoffbettes und damit einem ungleichmäßigem Durchströmen der Luft zurückzuführen sind. Für die Untersuchungen zur Charakterisierung der Produktgaszusammensetzung wurden daher Weizenpellets statt Weizenspelzen verwendet, um möglichst konstante Bedingungen im Vorofen zu garantieren. Weiterhin enthalten die Weizenpellets 2 Ma.-% Kalk, um das Aufschmelzen der Asche und damit Verschlackungen im Rostbereich zu vermeiden.
In Tabelle 3.3 sind die Analysenergebnisse zusammengefasst dargestellt. Die Brennstoffe unterscheiden sich in ihren Wasser-, Asche- und Stickstoffgehalten. Die biogenen Reststoffe aus der Landwirtschaft weisen im Vergleich zu den hölzernen Biomassen einen hohen Gehalt an Stickstoff und Asche auf.

Tabelle 3.3: Analysenergebnisse der eingesetzten Brennstoffe

		Holzhack-schnitzel	**Weizen-spelzen**	**Weizen-pellets**	**Raps-kuchen**
Wasser	Ma-% (an)	25,9	12,5	14,4	9,0
Flüchtige	Ma-% (wf)	82,1	78,5	78,4	76,7
Asche	Ma-% (wf)	0,4	3,0	4,3	6,6
Fixed C	Ma-% (wf)	17,5	18,1	17,4	16,7
C	Ma-% (waf)	50,7	44,9	46,4	52,2
H	Ma-% (waf)	6,3	10,1	7,5	8,0
N	Ma-% (waf)	< 0,3	2,4	2,6	5,8
S	Ma-% (waf)	< 0,3	< 0,3	< 0,3	0,6
O	Ma-% (waf)	43,0	42,6	43,5	33,4
Cl	Ma-% (waf)	< 0,03	0,083	0,097	< 0,03
Hu	MJ/kg (wf)	18,0	18,1	19,3	20,8

Die Aschezusammensetzung der eingesetzten Brennstoffe sowie die Darstellung des Ascheschmelzverhaltens sind im Anhang A in Tabelle A 1 bzw. in Tabelle A 2 und Bild A 1 zusammengefasst.

3.4.2 Versuchsprogramm

In experimentellen Untersuchungen sollen die konventionelle Vorofenfeuerung sowie die adaptierte Vorofenfeuerung mit integriertem Schwachgasbrenner auf Ihre Eignung für den Einsatz verschiedener biogener Reststoffe geprüft werden.

In einer **ersten Messkampagne** werden die Biomassen Holzhackschnitzel, Weizenspelzen und Rapskuchen in der konventionellen Vorofenfeuerung verbrannt und der Einfluss der Betriebsbedingungen (Variation der Luftzahl im Vorofen) auf die Abgasemissionen untersucht. Weiterhin wird die Zusammensetzung der entstandenen Produktgase für den Referenzbrennstoff Holzhackschnitzel analysiert, um in einem zweiten Schritt einen Schwachgasbrenner für die Ausbrandzone der Anlage entwickeln zu können.
In einer **zweiten Messkampagne** wird die Vorofenfeuerung mit einem integrierten ersten Brenner-Prototyp betrieben. Unter gleichen Betriebsbedingungen wie in der ersten Messkampagne werden erneut die verschiedenen Biomassen getestet. Im Gegensatz zur ersten Messkampagne wird der Rapskuchen in Form von Pellets bereitgestellt. Außerdem wird der Einfluss der Qualität von Holzhackschnitzel auf das Betriebsfenster des FLOX®-Brenners untersucht. Die Ergebnisse dieser Untersuchungen fließen in die Optimierung des Designs und der Entwicklung eines zweiten Brenner-Prototyps ein.
In einer **dritten Messkampagne** werden Untersuchungen an der Vorofenfeuerung mit dem integrierten zweiten Brenner-Prototypen durchgeführt. Wie in der ersten und zweiten Messkampagne werden verschiedene Biomassearten getestet. Da es während der Versuche mit Weizenspelzen zu großen Schwankungen der Produktgaszusammensetzung und damit der Abgasemissionen bei ansonsten konstanten Betriebsbedingungen (Schlackebildung auf dem Rost) kam, wurde in der dritten Messkampagne auf die Versuche mit Weizenspelzen verzichtet. Stattdessen werden Weizenpellets eingesetzt, denen 2 Ma-% Kalk zugemischt wurde. In der dritten Messkampagne wird ferner der Einfluss einer externen Rauchgasrezirkulation auf die Abgasemissionen untersucht.
In einer **vierten Messkampagne** werden weitere Versuche an der Vorofenfeuerung mit dem integrierten zweiten Brenner-Prototypen durchgeführt. Hierbei liegt das Interesse in der detaillierten Charakterisierung des im Vorofen entstandenen Produktgases. Für die Brennstoffe Holzhackschnitzel, Rapskuchenpellets und Weizenpellets werden die Produktgase hinsichtlich der Gase CO, CO_2, CH_4, H_2 und O_2 analysiert. Für die stickstoffreichen Brennstoffe Rapskuchenpellets und Weizenpellets erfolgt weiterhin eine Konzentrationsbestimmung der NO-Vorläufersubstanzen NH_3 und HCN.

3.4.3 Berechnungsgrundlagen

Luftzahl

Die Luftzahl gibt das Verhältnis von tatsächlich zugeführter Sauerstoffmenge zu der für eine stöchiometrische Verbrennung notwendigen Sauerstoffmenge an. Der Sauerstoffbedarf wird aus der Brennstoffzusammensetzung und der gemessenen Brennstoffmenge mit Hilfe der Verbrennungsrechnung ermittelt [147]. Die Luftzahl kann gleichfalls über die Luftmengen, die zugeführt bzw. stöchiometrisch notwendig sind, berechnet werden.

$$\lambda = \frac{V_{LT}}{V_{LoT}} = \frac{(\dot{V}_{PLT} + \dot{V}_{SLT})}{V_{LoT} \cdot \dot{M}_{BS}} \qquad \text{(Glg. 3.1)}$$

Ebenso kann die Luftzahl aus dem Restsauerstoffgehalt im Abgas berechnet werden:

$$\lambda = \frac{0{,}21}{(0{,}21 - y_{O_2,tr})} \qquad \text{(Glg. 3.2)}$$

Die Bedingungen im Entgasungsreaktor (Vorofen) können durch Variation der Luftzugabe beeinflusst werden. Die Luftzahl im Entgasungsreaktor kann entsprechend Gleichung 3.3 unter Verwendung der gemessenen Primärluftmenge wie folgt berechnet werden.

$$\lambda_{prim} = \frac{V_{PLT}}{V_{LoT}} = \frac{\dot{V}_{PLT}}{V_{LoT} \cdot \dot{M}_{BS}} \qquad \text{(Glg. 3.3)}$$

Für den Fall einer externen Abgasrezirkulation muss bei der Berechnung der Luftzahl im Entgasungsreaktor zusätzlich der durch das rezirkulierte Abgas in den Entgasungsreaktor eingebrachte Sauerstoffanteil $y_{O2,tr,m}$ berücksichtigt werden. Die Berechnung der Luftzahl im Entgasungsreaktor ändert sich wie folgt.

$$\lambda_{prim} = \frac{V_{PLT}}{V_{LoT}} = \frac{0{,}21 \cdot \dot{V}_{PLT} + y_{O_2,tr,m} \cdot \dot{V}_{GT,rezi}}{0{,}21 \cdot V_{LoT} \cdot \dot{M}_{BS}} \qquad \text{(Glg. 3.4)}$$

Konzentrationsangaben

Die Abgaskonzentrationen werden zunächst entweder als Volumenkonzentration in ppm bzw. Vol-% messtechnisch erfasst. Üblicherweise werden die Stickstoffoxid- und Kohlenmonoxid-Konzentrationen aber als Massenkonzentration in mg/m^3 angegeben. Unter Verwendung der Normdichte des betreffenden Gases lassen sich die Abgaskonzentrationen in die entsprechende Massenkonzentration umrechnen [148].

$$c_i = \frac{M_{M,i}}{V_{mol}} \cdot y_i \qquad \text{in mg/m}^3 \qquad \text{(Glg. 3.5)}$$

Um Emissionswerte miteinander vergleichen zu können, müssen sie generell auf den gleichen Sauerstoffanteil im Abgas bezogen werden. Die gemessenen Emissionskonzentrationen c_i werden unter Berücksichtigung des tatsächlichen Restsauerstoffgehaltes im Abgas $y_{O2,tr,m}$ nach 1. BImSchV [9] auf einen Sauerstoff-Bezugswert $y_{O2,tr,B}$ von 0,13 umgerechnet.

$$c_{i,B} = c_i \cdot \frac{(0{,}21 - y_{O_2,tr,B})}{(0{,}21 - y_{O_2,tr,m})} \qquad \text{in mg/m}^3 \qquad \text{(Glg. 3.6)}$$

Feuerungs-Wärmeleistung

Die Feuerungs-Wärmeleistung ist die Wärmeleistung, die der Feuerung des Heizkessels mit dem Brennstoff zugeführt wird [149].

$$\dot{Q} = \dot{M}_{BS} \cdot H_{u,BS} \qquad \text{in kW} \qquad \text{(Glg. 3.7)}$$

Abgasvolumenstrom

Der Abgasvolumenstrom kann bei Kenntnis des Brennstoffmengenstroms, der Luftzahl und der Brennstoffzusammensetzung sowie unter Annahme einer vollständigen Verbrennung wie folgt berechnet werden.

$$\dot{V}_G = \dot{M}_{BS} \cdot \begin{pmatrix} 1{,}867 \cdot x_{C,BS} + 11{,}2 \cdot x_{H,BS} + 0{,}7 \cdot x_{S,BS} + 0{,}8 \cdot x_{N,BS} \\ + 0{,}79 \cdot V_{LT} + 1{,}244 \cdot x_{H_2O,BS} + 0{,}21 \cdot (V_{LT} - V_{LoT}) \end{pmatrix} \qquad \text{in m}^3\text{/h} \qquad \text{(Glg. 3.8)}$$

Da die Abgaskonzentrationen aufgrund der in Abschnitt 3.3 erläuterten Messtechnik auf trockenes Abgasvolumen bezogen sind, ist für spätere Berechnungen ebenfalls die Bestimmung der trockenen Abgasmenge notwendig. Der trockene Abgasvolumenstrom berechnet sich wie folgt.

$$\dot{V}_{GT} = \dot{M}_{BS} \cdot \begin{pmatrix} 1{,}867 \cdot x_{C,BS} + 0{,}7 \cdot x_{S,BS} + 0{,}8 \cdot x_{N,BS} \\ + 0{,}79 \cdot V_{LT} + 0{,}21 \cdot (V_{LT} - V_{LoT}) \end{pmatrix} \qquad \text{in m}^3\text{/h} \qquad \text{(Glg. 3.9)}$$

Rezirkulierte Abgasmenge

Um den Anteil der rezirkulierten Abgasmenge an dem im Vorofen zugeführten Vergasungsmittel zu quantifizieren, wurde die Rezirkulationsrate R eingeführt. Die Rezirkulationsrate ist das Verhältnis der rezirkulierten Abgasmenge zu der Summe aus rezirkulierter Abgasmenge und zugeführter Primärluftmenge.

$$R = \frac{\dot{V}_{GT,rezi}}{\left(\dot{V}_{GT,rezi} + \dot{V}_{PLT}\right)} \cdot 100 \qquad \text{in \%} \qquad \text{(Glg. 3.10)}$$

Spezifische Primärgasmenge

Die spezifische Primärgasmenge ist ein Maß der im Vorofen zugeführten Gasmenge im Falle der Abgasrezirkulation, bei der neben Primärluft auch rezirkulierte Abgase in den Vorofen geführt werden. Die spezifische Primärgasmenge ist definiert als Menge der rezirkulierten Abgase und der zugeführten Primärluft bezogen auf die stöchiometrisch benötigte Luftmenge.

$$Z_{prim} = \frac{\dot{V}_{PLT} + \dot{V}_{GT,rezi}}{\dot{V}_{LoT}} \qquad \text{(Glg. 3.11)}$$

Heizwert der Produktgase

Für die Auslegung des Schwachgasbrenners ist u. a. die Kenntnis der Produktgasqualität von Interesse. Der Heizwert des im Vorofen entstandenen Produktgases $H_{u,PG}$ kann aus den gemessenen Konzentrationen der Produktgaskomponenten y_i und deren Heizwerten $H_{u,i}$ berechnet werden.

$$H_{u,PG} = \sum y_i \cdot H_{u,i} \qquad \text{in MJ/m}^3 \qquad \text{(Glg. 3.12)}$$

Total-Fuel-Nitrogen (TFN)

Für die Charakterisierung der bei der Entgasung freigesetzten Stickstoffmenge in das Produktgas wird der Begriff „Total-Fuel-Nitrogen" (TFN) verwendet. Total-Fuel-Nitrogen ist die Summe der gasförmigen Stickstoffverbindungen NO, HCN und NH_3 in einem Produktgas. Die molare Konzentration an TFN errechnet sich demzufolge wie folgt.

$$c_{M,TFN} = \frac{c_{NO}}{M_{M,NO}} + \frac{c_{HCN}}{M_{M,HCN}} + \frac{c_{NH_3}}{M_{M,NH_3}} \qquad \text{in mol/m}^3 \qquad \text{(Glg. 3.13)}$$

Konversionsraten

Wie in Abschnitt 2.3.2.2 beschrieben, entsteht bei der Verbrennung stickstoffreicher Biomassen ein Großteil der Stickoxid-Emissionen aus dem Brennstoff-Stickstoff. Um zu bewerten, wie viel des Brennstoff-Stickstoffs in den durchgeführten Verbrennungsversuchen zu NO umgewandelt wurde, wird folgende Konversionsrate X_N berechnet.

$$X_N = \frac{c_{NO} \cdot M_{M,N} \cdot \dot{V}_{GT}}{x_{N,BS} \cdot M_{M,NO} \cdot \dot{M}_{BS}} \cdot 100 \qquad \text{in \%} \qquad \text{(Glg. 3.14)}$$

Um zu beurteilen, in welchem Maße der Brennstoff-Stickstoff im Vorofen zu TFN bzw. die im Vorofen gebildeten Stickstoff-Komponenten NH_3 und HCN in der Ausbrandstufe (Brenner) zu NO umgewandelt werden, wurde die Konversionsrate X_{TFN} bzw. $X_{NH3,HCN}$ eingeführt.

$$X_{TFN} = \frac{\dot{V}_{PGT} \cdot M_{M,N} \cdot \left(\frac{c_{NH_3,PG}}{M_{M,NH_3}} + \frac{c_{HCN,PG}}{M_{M,HCN}} + \frac{c_{NO,PG}}{M_{M,NO}} \right)}{x_{N,BS} \cdot \dot{M}_{BS}} \cdot 100 \qquad \text{in \%} \qquad \text{(Glg. 3.15)}$$

$$X_{NH_3,HCN} = \frac{c_{NO,G} \cdot \frac{\dot{V}_{GT}}{\dot{V}_{PGT}} - c_{NO,PG}}{\left(M_{M,NO} \cdot \left(\frac{c_{NH_3,PG}}{M_{M,NH_3}} + \frac{c_{HCN,PG}}{M_{M,HCN}} \right) \right)} \cdot 100 \qquad \text{in \%} \qquad \text{(Glg. 3.16)}$$

In Glg. 3.16 wird angenommen, dass der Anteil an NO im Produktgas in der Ausbrandstufe (Brenner) nicht weiter umgewandelt wird.

Produktgasvolumenstrom

Für die Berechnung der Konversionsraten X_{TFN} bzw. $X_{NH3,HCN}$ wird der Produktgasvolumenstrom benötigt. Da die im Entgasungsreaktor entstandene Produktgasmenge messtechnisch nur schwer erfasst werden kann, soll sie in der hier vorliegenden Arbeit abgeschätzt werden. Unter Annahme, dass die interten Gaskomponenten CO_2 und N_2 nicht an den Verbrennungsreaktionen im FLOX®-Brenner teilnehmen, kann der trockene Produktgasvolumenstrom wie folgt in einfacher Näherung berechnet werden.

$$\dot{V}_{PGT} = \frac{\left(y_{inert,G} \cdot \dot{V}_G - y_{inert,SLT} \cdot \dot{V}_{SLT} \right)}{y_{inert,PGT}} \quad \text{in } m^3/h \qquad \text{(Glg. 3.17)}$$

3.4.4 Qualität der Messergebnisse

Bei der Durchführung von experimentellen Untersuchungen treten systematische und zufällige Fehler auf. Systematische Fehler (systematische Messabweichung) sind nach DIN 1319-1 [150] solche Fehler, die bei Wiederholungsmessungen immer einen konstanten Wert besitzen und folglich in Größe und Vorzeichen gleich sind. Ursachen hierfür können u. a. in der Unvollkommenheit der Messgeräte, an Einflüssen der Umgebung oder an Unzulänglichkeiten von Seiten des Experimentators (z. B. unkorrektes Ablesen der Anzeige) liegen. Es ist daher bei der Durchführung von experimentellen Arbeiten darauf zu achten, dass die eben genannten Einflüsse vermieden, reduziert bzw. nachträglich rechnerisch durch Korrekturen berücksichtigt werden (vgl. Abschnitt 3.3.3 „Kontinuierliche Gasanalyse"). Es können aber auch weitere nicht erfassbare und unvorhergesehene Einflüsse auftreten, die zufällig auftreten und ebenfalls das Messergebnis beeinflussen. Diese Schwankungen werden als zufällige Fehler (zufällige Messabweichung) bezeichnet, variieren in Größe und Vorzeichen rein zufallsbedingt und können nicht ausgeglichen werden [150]. Zufällige Fehler können aber durch eine statistische Analyse von Wiederholungsmessungen ermittelt werden [151], [152].
Aus einer Stichprobe mit dem Umfang n (Anzahl Wiederholungsmessungen) kann das arithmetische Mittel aller Messwerte

$$\bar{x} = \frac{1}{n} \sum_{k=1}^{n} x_k \qquad \text{(Glg. 3.18)}$$

sowie die Standardabweichung bzw. der mittlere Fehler der Stichprobenmesswerte

$$s = \sqrt{\sum_k \frac{(x_k - \bar{x})^2}{(n-1)}} \qquad \text{(Glg. 3.19)}$$

berechnet werden. Die Standardabweichung ist ein Maß für die Abweichung der Stichproben von ihrem arithmetischen Mittelwert.

Eine weitere wichtige Verfahrenskenngröße ist die Wiederholbarkeit bzw. signifikante Differenz zweier Einzelmessungen, die die Genauigkeit der eingesetzten Messverfahren beschreibt und mit Hilfe des t-Tests berechnet werden kann.

$$r = t \cdot \sqrt{2} \cdot s \qquad \text{(Glg. 3.20)}$$

Ist der Unterschied zweier Messwerte einer Stichprobe größer als der Betrag der Wiederholbarkeit r, dann kann mit einer Wahrscheinlichkeit von 95 % davon ausgegangen werden, dass sich auch die wahren Werte unterscheiden. Es handelt sich also um eine signifikante Differenz der beiden Messwerte.

Messunsicherheit bei der kontinuierlichen Gasanalyse

Die Berechnung der Unsicherheiten der Messergebnisse aus der kontinuierlichen Gasanalyse erfolgt anhand der protokollierten Kalibrierdaten. Für die Auswertung wurden die Kalibrierdaten gleicher Kalibrierpunkte herangezogen. In Tabelle 3.4 und Tabelle 3.5 sind die statistischen Kenngrößen der Gasanalysen zusammengefasst.

Tabelle 3.4: Statistische Kenngrößen der Abgasanalyse

Gas	Kalibrierpunkt	n	$\bar{x}$	s	s_{rel}*	r
CO	250 ppm	17	255 ppm	3 ppm	1,2 %	9 ppm
CO_2	12,0 Vol-%	12	12,2 Vol-%	0,2 Vol-%	1,7 %	0,6 Vol-%
NO	253 ppm	21	248 ppm	16 ppm	6,3 %	46 ppm
	511 ppm	10	489 ppm	9 ppm	1,9 %	53 ppm
O_2	7,77 Vol-%	9	7,65 Vol-%	0,1 Vol-%	1,4 %	0,3 Vol-%

* Standardabweichung relativ zum arithmetischen Mittelwert

Tabelle 3.5: Statistische Kenngrößen der Produktgasanalyse

Gas	Kalibrierpunkt	n	$\bar{x}$	s	s_{rel}*	r
CO	5,0 Vol-%	5	4,7 Vol-%	0,2 Vol-%	3,6 %	0,8 Vol-%
CO_2	15,4 Vol-%	5	15,4 Vol-%	0,4 Vol-%	2,4 %	1,7 Vol-%
CH_4	4,97 Vol-%	9	5,0 Vol-%	0,1 Vol-%	1,8 %	0,3 Vol-%
H_2	9,85 Vol-%	16	9,9 Vol-%	0,1 Vol-%	0,7 %	0,2 Vol-%
O_2	8,0 Vol-%	6	8,4 Vol-%	0,2 Vol-%	2,4 %	0,8 Vol-%

* Standardabweichung relativ zum arithmetischen Mittelwert

Messunsicherheit bei der Brennstoffmengenbestimmung

Die der Versuchsanlage zugeführte Brennstoffmenge wird durch die Frequenz der Dosierschnecke geregelt. Die zugeführte Brennstoffmenge in Abhängigkeit der Schneckenfrequenz wurde vor Versuchsbeginn für jeden Brennstoff ermittelt. Jeder Punkt der Dosierkurven stellt einen Mittelwert aus mindestens drei Wiederholungsmessungen dar. Die daraus resultierende relative Standardabweichung der Messwerte liegt zwischen 2 und 5 %.

Messunsicherheit bei der Luftmengenbestimmung

Die Messunsicherheit bei der Luftmengenbestimmung wurde mit Hilfe von 30 Primärluft- und Sekundärluftmengenmesswerten bei gleichen Einstellungen berechnet. In Tabelle 3.6 ist die Messunsicherheit für die Luftmengenmessung angegeben.

Messunsicherheit bei der Bestimmung der rezirkulierten Abgasmenge

Die rezirkulierte Abgasmenge wird mittels der im Abgaskanal gemessenen Geschwindigkeit berechnet. Die Messunsicherheit bei der Messung der Geschwindigkeit mit Hilfe eines Flügelrad-Anemometer wird vom Hersteller mit 0,15 m/s bei Geschwindigkeiten kleiner 10 m/s angegeben. Dies entspricht für die hier gemessenen Geschwindigkeiten bzw. für die daraus berechnete Abgasmenge eine relative Messunsicherheit von 4 bis 10 %.

Messunsicherheit bei der nass-chemischer Bestimmung von NH_3 und HCN

Die Messunsicherheit der nass-chemischen Bestimmung von NH_3 und HCN wird in den entsprechend VDI- und DIN-Richtlinien mit etwa 10 % relativ zum Messwert angegeben.

Messunsicherheit bei der Temperaturmessung

Die Temperaturen wurden in dieser Arbeit mit Temperatursensoren des Typs PT 100 bzw. mit NiCr-Ni-Thermoelementen des Typs K gemessen und mittels galvanisch getrennter Messumformer linearisiert. Die Messunsicherheit für solche Messfühler inklusive Messumformer kann 1 bis 2 % relativ zum Messwert betragen [153].

Tabelle 3.6: Messunsicherheiten der verwendeten Messverfahren

Messgröße	**Messverfahren**	**Messunsicherheit***
Brennstoffmenge	Kalibrierfunktion	2-5 %
Luftmenge	Messblende	2-7 %
Rezirkulierte Abgasmenge	Flügelrad-Anemometer	4-10 %
NH_3, HCN	Nass-chemisches Verfahren	10 %
Temperatur	Messfühler, Messumformer	1-2 %

* relativ zum Messwert

3.5 Simulationsrechnungen

In der vorliegenden Arbeit sollen zusätzlich Ergebnisse aus CFD (Computational Fluid Dynamics)-Simulationen genutzt werden, um die Strömungsbedingungen und damit die interne Rezirkulation sowie die Temperaturverteilung im Brenner zu bewerten. Mit Hilfe von Simulationsrechnungen ist es möglich, ohne hohen Aufwand sowohl verschiedene Betriebsbedingungen zu variieren als auch konstruktive Änderungen an dem Brenner durchzuführen, um deren Einfluss auf die Stabilität der Flammlosen Oxidation zu beurteilen. Basierend auf den Ergebnissen der Simulationsrechnungen sollen die entwickelten FLOX®-Brenner-Prototypen weiter optimiert werden.

Die Qualität der Ergebnisse aus Simulationsrechnungen hängt stark von den zugrunde liegenden Modellen ab. Bisherige Modellierungsarbeiten haben aber bewiesen, dass numerische Codes basierend auf dem pdf-Model die Strömungs- und Temperaturverteilung von Flammloser Oxidation gut beschreiben können [116]. Es hat sich jedoch auch gezeigt, dass die bestehenden NOx-Modelle nur unbefriedigende Ergebnisse hinsichtlich der Vorhersage der NOx-Bildung liefern [154], da die Flammlose Oxidation im Vergleich zur herkömmlichen Verbrennung durch viel geringere Reaktionsraten gekennzeichnet ist [114]. In diversen Arbeiten [116], [117] wurden verschiedene Modelle für die Flammlose Oxidation untersucht bzw. entwickelt, um eine bessere Übereinstimmung der Ergebnisse aus Experimenten und Simulationen zu erreichen. Die Simulationsrechnungen, deren Ergebnisse in dieser Arbeit herangezogen werden, wurden mit vereinfachten Chemie-Modellen mit globalen Reaktionsmechanismen durchgeführt. Bei deren Verwendung für die Flammlose Oxidation ist mit einer Überschätzung der Temperaturen im Brenner zu rechnen und damit die Aussagekraft der CO- und NO-Profile begrenzt. Aus diesem Grund wurden die Simulationsrechnungen nur für die Bewertung der strömungstechnischen Bedingungen der Flammlosen Oxidation herangezogen. Da sowohl die Erstellung des mathematischen Gitters für die Abbildung des Brenners als auch die Durchführung der Simulationsrechnungen ein hohes Maß an Erfahrung und Wissen im Umgang mit dem Simulationsprogramm voraussetzt, wurden die Simulationsrechnungen nicht von der Autorin dieser Arbeit, sondern von einem mit dem CFD-Simulationsprogramm vertrauten IFK-Mitarbeiter durchgeführt [155]. Die experimentelle Bestimmung bzw. Festlegung der Randbedingungen für die Simulationen, die Auswertung, Darstellung und Bewertung der Simulationsergebnisse ist dagegen Gegenstand dieser Arbeit.

3.5.1 Das Simulationsprogramm AIOLOS

Für die Simulationsrechnungen wurde das am IFK (früher IVD) entwickelte CFD Simulationsprogramm AIOLOS verwendet mit deren Hilfe numerische Berechnungen von stationären, dreidimensionalen und turbulenten Strömungen möglich sind [156]. Der Code basiert auf einer strengen Finite-Volumen-Methode, die ein Standard-k-ε-Modell für die Abbildung der Turbulenz verwendet. Die Beziehung zwischen Turbulenz und Verbrennungschemie wird mittels EDC (Eddy Dissipation Concept) modelliert. Wie oben bereits erwähnt, wurden für die Abbildung der Chemie globale Reaktionsmechanismen verwendet. Die Wärmeübertragung durch Strahlung wurde mit Hilfe der diskreten Ordinaten-Methode berechnet. Für eine detaillierte Beschreibung des Simulationsprogramms AIOLOS sei hier auf die verschiedenen Literaturquellen verwiesen [156], [157]. Weitere Grundlagen für die Simulation von technischen Verbrennungssystemen sind der Veröffentlichung von GÖRNER [158] zu entnehmen.

Sein Haupteinsatzgebiet findet das Simulationsprogramm AIOLOS im Kraftwerksbereich, wo bereits eine Vielzahl von Feuerungen abgebildet und durch zahlreiche experimentelle Daten validiert wurde [159], [160], [161]. Aber auch für die Anpassung und Weiterentwicklung von Feuerräumen in kleineren Feuerungen, wie z. B. in Kachelofen-Heizeinsätzen [162], [163] und Rostfeuerungen [153], wurden bereits AIOLOS-Simulationen erfolgreich herangezogen.

3.5.2 Randbedingungen und Brennergeometrie

Für die Simulation der Temperatur- und Strömungsverhältnisse in der Brennkammer des FLOX®-Brenners ist die Abbildung des Brenners in Form eines geometrischen Gitters notwendig. Zur Beschreibung des zylindrischen Brenners wurden Zylinderkoordinaten verwendet.

Die Randbedingungen für die Simulationsrechnungen wie die Gaszusammensetzung des eintretenden Brenngases, die Temperatur des Brenngases sowie der Verbrennungsluft wurden experimentell bestimmt (siehe Kapitel 5.1.1). Die Randbedingungen für die Simulationsrechnungen sind in Tabelle 3.7 zusammengefasst.

Um bei der grafischen Darstellung der Geschwindigkeitsprofile im Brenner die Rezirkulationszone besser zu visualisieren, wurden Iso-Flächen gleicher Geschwindigkeit verwendet, die eine Geschwindigkeit von -8 m/s in Achsenrichtung zeigen.

Tabelle 3.7 Randbedingungen für die Simulationsrechnungen

	FLOX®-Brenner
Gaszusammensetzung in Ma-%	
H_2	0,2
CH_4	0,3
O_2	1,6
CO_2	25,2
CO	5,3
H_2O	9,5
N_2	57,8
Luftzahl	
λ	2,51
Massenströme in kg/h	
Luft	101,95 / 132,55 / 71,37
Brenngas ($\dot{Q}$ = 100 / 130 / 70 %)	181,44 / 236,16 / 127,80
Temperaturen in °C	
Luft	600
Brenngas	900
Geschwindigkeit in m/s	
Luft	118

4 Ergebnisse der Verbrennungsversuche mit einer konventionellen Vorofenfeuerung

Im folgenden Kapitel werden die Ergebnisse vorgestellt, die mit der konventionellen Vorofenfeuerung erzielt wurden und die die Eignung dieser Art von Feuerung für die Nutzung von biogenen Reststoffen zeigen soll. Da die in der vorliegenden Arbeit untersuchte Vorofenfeuerung für den Einsatz von Holzhackschnitzeln ausgelegt ist, wurden zunächst Referenzversuche mit geeigneten Holzhackschnitzeln durchgeführt. Als biogene Reststoffe werden Weizenspelzen und Rapskuchen, die als Reststoffe in Getreide- bzw. Ölmühlen anfallen, eingesetzt und deren Eignung für den Einsatz in der Feuerung gezeigt.

4.1 Eignung der Feuerung für verschiedene biogene Reststoffe

Zu Beginn der Versuche werden die Brennstoffe manuell mit einem Heißluftgebläse gezündet und das Aufheizen der Feuerung beginnt. In dieser Phase ist die Feuerung noch kalt und die Verbrennung der Brennstoffe ist durch hohe CO-Emissionen gekennzeichnet. Nach etwa einer halben Stunde sind die Temperaturen in der Feuerung genügend hoch, um die Brennstoffe umzusetzen und die CO-Emissionen sinken auf ein niedriges Niveau. Der ausschamottierte Vorofen ist nach etwa zwei Stunden vollständig aufgeheizt und ein stationärer Betrieb erreicht. Während der Versuche werden die Betriebsbedingungen konstant gehalten und die Versuchsanlage unter Volllast betrieben.

Holzhackschnitzel

Wie zu erwarten war, ist die Verbrennung von Holzhackschnitzeln in der Vorofenfeuerung ohne Probleme machbar. Die Verläufe von CO, NOx (angegeben als NO_2)[1] und O_2 unter konstanten Betriebsbedingungen und Volllast sind in Bild 4.1 beispielhaft dargestellt. Das automatische Nachschieben von Holzhackschnitzeln auf den Rost des Vorofens führt zu einer Erhöhung des Brennstoffbettes, die aber durch die periodische Bewegung des Schubrostes ausgeglichen wird. Dennoch kann es lokal zu einem Aufbrechen oder einer Verdichtung des Brennstoffbettes kommen, was zu Änderungen der Entgasungsbedingungen im Vorofen führt. Da unter den Versuchsbedingungen die Sekundärluft nicht nachgeregelt wird, werden die Produktgase nicht immer vollständig verbrannt und die Abgaswerte schwanken periodisch. Die Sauerstoffwerte im Abgas variieren während des Betriebes zwischen 9 und 14 Vol-% und liegen im Mittel bei 12 Vol-%. Die CO-Emissionen liegen zwischen 80 und 200 mg/m^3 und im Mittel bei 135 mg/m^3, während die NOx Emissionen zwischen 150 und 220 mg/m^3 und im Mittel bei 190 mg/m^3 liegen.

[1] Soweit es sich um NOx-Konzentrationen im Abgas handelt, sind diese in dieser Arbeit immer als NO_2 angegeben.

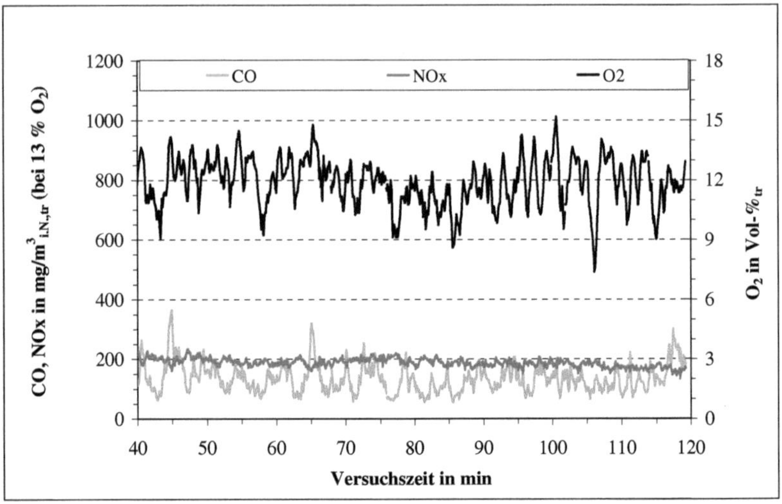

Bild 4.1: Betriebsverhalten der Vorofenfeuerung bei der Verbrennung von Holzhackschnitzeln unter konstanten Betriebsbedingungen und Volllast ($\lambda_{prim} = 1{,}21$, $\lambda_{ges} = 2{,}31$)

Weizenspelzen

Die Verbrennung von Weizenspelzen in der Vorofenfeuerung ist im Vergleich zu Holzhackschnitzeln durch größere Schwankungen der Emissionswerte gekennzeichnet. Durch den niedrigen Ascheerweichungspunkt der Weizenspelzen kommt es auf dem Rost zu Aufschmelzungen und Anbackungen, die die Durchströmung der Primärluft durch das Brennstoffbett stark behindern und zu einer ungleichmäßigen Entgasung des Brennstoffes führen. Da auch hier die Sekundärluft nicht nachgeregelt wird, kommt es mitunter zu erhöhten CO-Emissionen. Um die Temperaturen im Vorofen und damit das Aufschmelzen der Asche zu begrenzen, wurde die Vorofenfeuerung nicht unter Volllast betrieben. Die CO-Emissionen schwanken während des Betriebs zwischen 100 und 300 mg/m^3 und liegen im Mittel bei 180 mg/m^3. Aufgrund des höheren Stickstoffgehaltes in Weizenspelzen werden im Vergleich zu den Versuchen mit Holzhackschnitzeln entsprechend höhere NOx-Werte gemessen, die zwischen 250 bis über 400 mg/m^3 liegen. Dabei ist zu erwähnen, dass die niedrigeren NOx-Emissionen nur bei gleichzeitig hohen CO-Emissionen erreicht wurden. Hohe CO-Emissionen sind das Ergebnis eines unzureichenden Sauerstoffangebots bzw. einer ungenügenden Vermischung der Reaktionspartner. Diese Bedingungen führen neben einem unvollständigen Ausbrand auch zu einer reduzierten NO-Bildung bzw. zu einer Reduktion von bereits entstandenen NO. Im Mittel lagen die NOx-Emissionen bei 330 mg/m^3. Die Verläufe von CO, NOx (angegeben als NO_2) und O_2 sind in Bild 4.2 dargestellt.

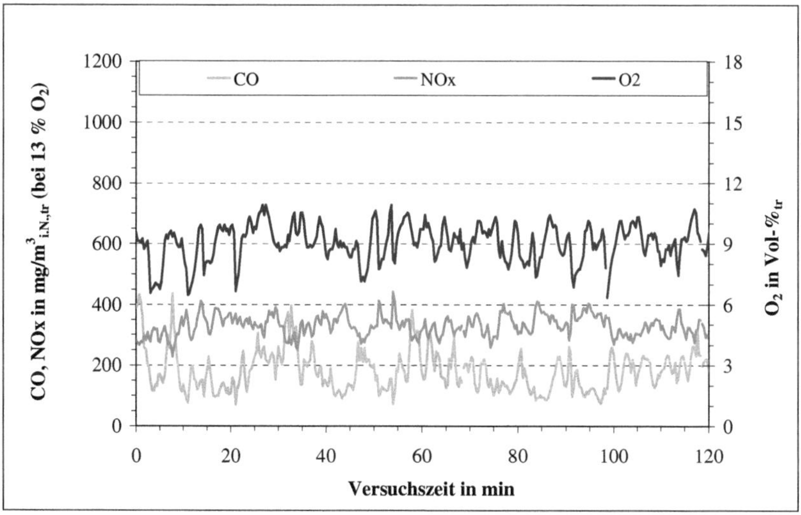

Bild 4.2: Betriebsverhalten der Vorofenfeuerung bei der Verbrennung von Weizenspelzen unter konstanten Betriebsbedingungen ($\dot{Q}$ = 63 kW, λ_{prim} = 0,60, λ_{ges} = 1,75)

Rapskuchen

Im Gegensatz zu den Holzhackschnitzeln und Weizenspelzen haben die Versuche mit Rapskuchen gezeigt, dass Rapskuchen in dieser Form in der konventionellen Vorofenfeuerung nicht eingesetzt werden kann. Eine stabile Verbrennung und damit ein vollständiger Ausbrand des Rapskuchens konnte zu keinem Zeitpunkt in der Vorofenfeuerung erreicht werden und die Verbrennung des Rapskuchens ist während der Untersuchungen durch hohe CO-Emissionen und zeitweise starke Rußentwicklung gekennzeichnet. Da der Rapskuchen eine sehr kleine Partikelgröße aufweist, ist anzunehmen, dass die Probleme auf ein zu kompaktes Brennstoffbett auf dem Rost und dadurch eine unzureichende Durchströmung mit Primärluft zurückzuführen sind.

4.2 Einfluss der Luftstufung auf das Emissionsverhalten

Für die Brennstoffe Holzhackschnitzel und Weizenspelzen wurde das Potential der Luftstufung zur Minderung der NOx-Emissionen untersucht. Die im Vorofen zugegebene Luftmenge wurde dafür so stark reduziert, dass im Vorofen unterstöchiometrische Bedingungen geschaffen werden und somit eine stärkere Luftstufung realisiert wird. Die Absenkung der Primärluftmenge wird durch eine entsprechende Anhebung der Sekundärluftmenge ausgeglichen, um die Gesamtluftzahl konstant zu halten.

In Bild 4.3 sind die CO- und NOx-Emissionen (angegeben als NO_2) für die Verbrennungsversuche mit Holzhackschnitzeln (links) und Weizenspelzen (rechts) bei Luftzahlen im Vorofen zwischen 0,91 und 1,11 bzw. zwischen 0,50 und 0,80 dargestellt. Die Gesamtluftzahl lag bei den Versuchen mit Holzhackschnitzeln zwischen 1,78 und 1,93 und bei den Versuchen mit Weizenspelzen zwischen 1,70 und 1,77, was einem Restsauerstoffgehalt im Abgas von 9,2 bis 10,1 Vol-% (Holzhackschnitzel) bzw. von 8,6 bis 9,1 Vol-% (Weizenspelzen) entspricht.

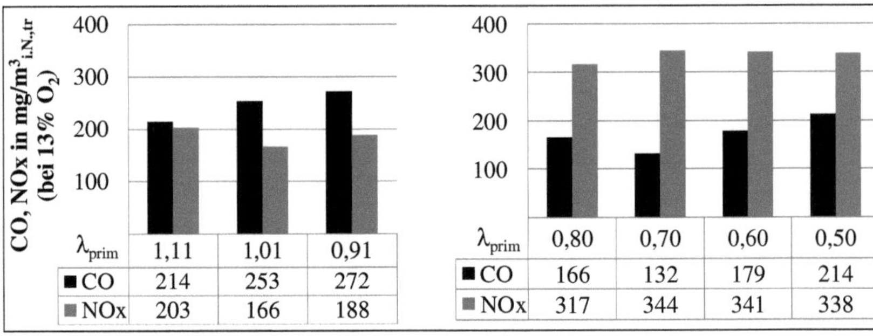

Bild 4.3 CO- und NOx-Emissionen bei variierender Luftzahl im Vorofen (links: Holzhackschnitzel, rechts: Weizenspelzen)

Für den jeweils betrachteten Luftzahlbereich wurden mittlere NOx-Emissionen von 166 bis 203 mg/m^3 für die Holzhackschnitzel-Versuche und mittlere NOx-Emissionen von 317 bis 344 mg/m^3 für die Weizenspelzen-Versuche gemessen. Die Unterschiede zwischen den NOx-Konzentrationen der jeweiligen Versuche liegen im Schwankungsbereich der über die Versuchszeit aufgezeichneten NOx-Konzentrationen. Ein eindeutiger Einfluss der Luftzahl im Vorofen auf die NOx-Konzentrationen im Abgas konnte somit nicht bestätigt werden. Jedoch ist anzumerken, dass mit abnehmender Luftzahl im Vorofen ein Ansteigen der CO-Emissionen beobachtet wurde. Mit sinkender Luftzahl im Vorofen wurde die Sekundärluftmenge entsprechend erhöht, um die Gesamtluftzahl konstant zu halten. Mit steigender Sekundärluftmenge konnte durch das Sichtfenster am Ende der ersten Brennkammer des Kessels für beide Versuchsreihen eine stetige Verlängerung der Flamme im Brennraum beobachtet werden. Die Flamme schlägt dabei ab einer bestimmten Länge am Ende der Brennkammer an und wird an der wassergekühlten Kesselwand gequencht, was zu einem Ansteigen der CO-Emissionen führt. Für die Verbrennung von Holzhackschnitzeln scheint dies bereits bei höheren Luftzahlen aufzutreten als bei der Verbrennung von Weizenspelzen. Hier ist anzumerken, dass für beide Brennstoffe die Feuerungs-Wärmeleistung herabgesetzt wurde und die Vorofenfeuerung für die Hackschnitzelversuche bei 80 kW und für die Weizenspelzenversuche bei 63 kW betrieben wurde. In der unterschiedlichen Feuerungs-Wärmeleistung kann der Grund liegen, weswegen es bei den Versuchen mit

Holzhackschnitzeln im Vergleich zu den Weizenspelzenversuchen bereits bei höheren Luftzahlen im Vorofen zu einem Anschlagen der Flamme an die Kesselwand kommt. Es ist anzunehmen, dass bei Betrieb der Vorofenfeuerung bei gleichen Luftzahlen aber unter Volllast eine längere Flamme zu beobachten wäre und die Flammenquenchung daher bereits bei höheren Luftzahlen auftreten kann.

4.3 Zusammenfassung

Eine Verbrennung von Hackschnitzeln ist in der Vorofenfeuerung erwartungsgemäß problemlos möglich. Erfolgt wie in den hier durchgeführten Versuchen keine Nachregelung der Sekundärluft, können die CO- und NOx-Emissionen über die Zeit in einem großen Bereich schwanken. Dies ist auf die sich ändernden Entgasungsbedingungen im Vorofen und damit auf die sich in Menge und Zusammensetzung variierenden Entgasungsgase aufgrund schwankender Brennstoffbetthöhe auf dem Rost zurückzuführen. Bei Anwendung einer Sekundärluftregelung, die üblicherweise eingesetzt wird, ist aber davon auszugehen, dass die CO- und NOx-Emissionen in einem weniger großen Bereich schwanken und auf einem niedrigen Niveau gehalten werden können.

Die hier durchgeführten Versuche sollten die Frage beantworten, inwieweit die bestehende Vorofenfeuerung auch für die Nutzung nicht-holzartiger Biomassen geeignet ist. Die Versuche mit Weizenspelzen und Rapskuchen zeigen, dass diese Reststoffe nur bedingt für die Nutzung in einer Vorofenfeuerung geeignet sind. Dies ist einerseits auf die Eigenschaften der Brennstoffe selbst zurückzuführen, die aufgrund ihrer hohen Stickstoffgehalte hohe Stickoxidemissionen verursachen sowie durch niedrige Ascheschmelztemperaturen (Weizenspelzen) und kleine Partikelgröße (Rapskuchen) Betriebsprobleme, wie Blockaden der Primärluftzufuhr, bewirken. Im Fall von Weizenspelzen führten die Anbackungen und Aufschmelzungen der Asche auf dem Rost zu stark schwankenden Emissionswerten und mitunter sehr hohen CO-Emissionen. Mit Rapskuchen dagegen konnte zu keiner Zeit ein stabiler Betrieb mit zufrieden stellenden Emissionen erreicht werden, da das dichte Rapskuchenbett auf dem Rost eine ausreichende Durchströmung der Primärluft verhinderte. Diese brennstoffbedingten Probleme können mit einer entsprechenden Aufbereitung der Reststoffe, z. B. Erhöhung der Ascheschmelztemperatur durch Zumischung von Kalk zum Brennstoff oder Pelletierung des Rapskuchens, gemindert bzw. vermieden werden.

Auch die durch das Konzept der Vorofenfeuerung gegebenen Möglichkeiten zur Minderung der Stickoxidemissionen durch Luftstufung können nur begrenzt ausgenutzt werden, wie die Luftstufungsversuche mit Holzhackschnitzeln und Weizenspelzen zeigen. Das Anschlagen der Flamme an die kalten Kesselwände bei niedrigen Luftzahlen im Vorofen und gleichzeitig erhöhten Sekundärluftmengen führt zu hohen CO-Emissionen. Die Luftzahl im Vorofen kann dadurch nur bedingt abgesenkt und das Potential zur NOx-Minderung nur eingeschränkt ausgenutzt werden.

5 Brennerentwicklung

Wie im vorherigen Kapitel gezeigt, können die Vorteile einer Luftstufung zur Reduktion der Stickoxide bei Nutzung stickstoffreicher Brennstoffe in der bestehenden Vorofenfeuerung nur unzureichend ausgenutzt werden. Die Absenkung der Luftzahl im Vorofen führt gleichzeitig zu einem erhöhten Bedarf an Sekundärluft in der Ausbrandstufe. Die sich ausbildende Flamme schlägt an die kalten Kesselwände, die Entgasungsgase werden nicht vollständig umgesetzt und hohe CO-Emissionen sind das Ergebnis.
Mit Hilfe eines integrierten Brenners basierend auf der Flammlosen Oxidation soll eine Verbesserung der unzureichenden Vermischung der Sekundärluft mit den aus dem Vorofen kommenden Entgasungsgasen erreicht und ein Anschlagen der Flamme an die kalten Kesselwände verhindert werden. Im folgenden Kapitel werden die Arbeiten zur Entwicklung eines Brenners basierend auf der Flammlosen Oxidation zur Integration in die Vorofenfeuerung vorgestellt.

5.1 Erster Prototyp

5.1.1 Definition der Randbedingungen

Der in die Vorofenfeuerung zu integrierende Brenner soll auf dem Prinzip der Flammlosen Oxidation beruhen. Wie in Abschnitt 2.4 beschrieben bietet die Flammlose Oxidation verschiedene Vorteile bei der Verbrennung von Schwachgasen, wie z. B. intensive Vermischung von Brenngas und Verbrennungsluft, hohe Leistungsdichte und hohe Verbrennungsstabilität trotz schwankender Brenngasqualität.
Um einen flammlosen Betrieb realisieren zu können, müssen bestimmte Randbedingungen eingehalten bzw. erreicht werden. Ein Vielfaches der Abgasmenge muss aus dem Brennraum angesaugt und mit den eintretenden Strömen vermischt werden, bevor diese miteinander reagieren können. Um das zu erreichen, muss mindestens einer der eintretenden Ströme mit einem ausreichenden Impuls bzw. Geschwindigkeit in den Brennraum eintreten. Bei dem zu integrierenden Brenner soll daher die Verbrennungsluft mit einer Geschwindigkeit von mindestens 100 m/s in den Brennraum eintreten. Außerdem soll das Brenngas am Brennereingang eine Geschwindigkeit von mindestens 20 m/s erreichen.
Da der Brenner in das bestehende Flammrohr der Vorofenfeuerung integriert werden soll, ist auch der maximale Außendurchmesser des Brenners vorgegeben und darf nicht mehr als 220 mm betragen. Als Düsenkonzept wurde ein Mehrdüsenbrenner gewählt, da dieses Konzept eine kompakte Bauweise ermöglicht [91]. Dafür soll am Brennereintritt ein Mehrdüsenblatt mit acht Brenngasdüsen sowie einer jeweils dazugehörigen Luftdüse realisiert werden. Die maximale Länge des Brenners ist abhängig von der sich ausbildenden Rezirkulationszone

und soll mindestens den 2,5-fachen Innendurchmesser des Brenners betragen, um einen vollständigen Umsatz des Vergasungsgases zu garantieren.

Für die Auslegung des Brenners ist es weiterhin notwendig, die Qualität des Entgasungsgases zu kennen. Dafür wurden Verbrennungsversuche mit Holzhackschnitzeln an der Anlage durchgeführt und die Entgasungsgastemperatur sowie -zusammensetzung vor Eintritt in das Flammrohr gemessen. Bei den Verbrennungsversuchen wurde der Vorofen bei unterschiedlichen Luftzahlen betrieben, um den Einfluss der Luftzahl auf die Gasqualität zu klären. In Bild 5.1 ist die Zusammensetzung des Entgasungsgases vor Eintritt in das Flammrohr für drei verschiedene Luftzahlen dargestellt. Erwartungsgemäß steigen die Konzentrationen an brennbaren Komponenten wie Wasserstoff, Methan und Kohlenmonoxid und damit die Qualität des Entgasungsgases mit sinkender Luftzahl. Auffällig sind die hohen Sauerstoffkonzentrationen, die trotz unterstöchiometrischer Luftzugabe im Vorofen bei den Versuchen beobachtet wurden. Dies kann z. B. an einer unzureichender Vermischung der Primärluft mit dem Brennstoff liegen, wodurch es zu lokalen Sauerstoffüberschüssen kommen kann, oder durch einen Falschlufteintrag über die Brennstoffdosierung, der nie gänzlich verhindert werden kann, verursacht werden.

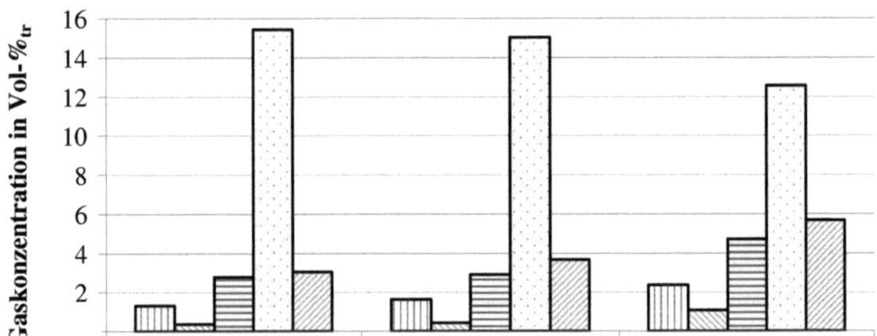

λ_{prim}	1,0	0,9	0,8
H2	1,3	1,6	2,4
CH4	0,4	0,4	1,1
O2	2,8	2,9	4,7
CO2	15,5	15,0	12,6
CO	3,0	3,7	5,7

Bild 5.1: Entgasungsgaszusammensetzung (Holzhackschnitzel)

Während der Messungen zeigte sich auch, dass die Konzentrationen der gemessenen Gase mit der Zeit stark schwanken, was auf die bereits früher erwähnten Schwankungen bei der Entgasung des Brennstoffes im Vorofen zurückzuführen ist. Insgesamt wird bei allen Versuchen nur ein sehr heizwertarmes Schwachgas erzeugt. Der mittlere Heizwert des Entgasungsgases liegt bei kleiner 1,5 $MJ/m^3_{i.N.}$. Berücksichtigt man die Schwankungen in der Gaszusammen-

setzung über der Zeit kann maximal von einem Heizwert von etwa 2 MJ/$m^3_{i.N.}$ ausgegangen werden. Die maximal gemessenen Gaskonzentrationen sind in Anhang B (Tabelle B 1) aufgeführt.
Die Temperatur des Entgasungsgases vor Eintritt in das Flammrohr lag bei allen Versuchen bei etwa 1000 °C. Da die bei der Entgasung des Brennstoffes entstehende Gasmenge nur sehr aufwendig gemessen werden kann, wurde für die Auslegung des Brenners darauf verzichtet und die erzeugte Gasmenge in einfacher Näherung nach Glg. 3.16 bestimmt. Als Feuerungs-Wärmeleistung wurden 120 kW gewählt, was der Nominalleistung der Vorofenfeuerung entspricht.
Durch die geplante Integration des Brenners in das Flammrohr der Vorofenfeuerung muss die Sekundärluftführung der Versuchsanlage geändert werden, da die Zufuhr über das Flammrohr nicht mehr möglich war. Die Verbrennungsluft wird nun von der Rückseite des Kessels durch die ursprüngliche erste Brennkammer zum Brenner geleitet. Über den Doppelrohrmantel des Brenners gelangt die Verbrennungsluft zum Brennerkopf. Vorteil dieser Luftführung ist die Vorwärmung der Verbrennungsluft, die sich positiv auf die Stabilität der Verbrennung auswirkt, aber für den Betrieb nicht zwingend notwendig ist und hier nur aufgrund der unzureichenden Zugänglichkeit der Versuchsanlage gewählt wurde. Für die Auslegung des Brenners wird angenommen, dass die Verbrennungsluft am Brennereintritt eine Temperatur von 600 °C aufweist. Die benötigte Luftmenge wird basierend auf der ermittelten Brenngasqualität berechnet.

5.1.2 Brennerdesign

Nach den in Kapitel 5.1.1 definierten Randbedingungen für das Design des zu integrierenden Brenners wurden die Luft- und Brenngasdüsendurchmesser des ersten Brenner-Prototypen bestimmt (Anhang B, Tabelle B 2):

- d_{BG} = 35,8 mm
- d_L = 8,2 mm

Das Düsenblatt ist aufgrund der Flammrohrdimension auf einen Durchmesser von maximal 180 mm begrenzt. Die Anordnung der Düsen auf dem Düsenblatt in Bild 5.2 (links) zu sehen. Für den Brenner wurde eine Länge von 50 cm gewählt, was dem 2,8-fachen Brennerdurchmesser entspricht. Um die Rezirkulation der Rauchgase zusätzlich zu unterstützen, wurde der Brennerauslass mit einer Verjüngung ausgeführt (Bild 5.2 rechts).
Die Verbrennungsluft wird am Ende des Brenners zugeführt und gelangt über einen Ringspalt im Brennermantel zum Brennerkopf. Diese Konstruktion der Luftführung war notwendig, da durch die Integration des Brenners in das Flammrohr der konventionellen Vorofenfeuerung die ursprüngliche Luftzufuhr im Flammrohr nicht mehr möglich war. Die Verbrennungsluft wird nun von der Rückseite des Kessels durch die ursprüngliche erste Brennkammer zum Brenner geleitet (siehe Bild 3.3). Vorteil dieser Luftführung ist die Vorwärmung der Verbren-

nungsluft, die sich positiv auf die Stabilität der Verbrennung auswirkt, aber für den Betrieb nicht zwingend notwendig ist und hier nur aufgrund der unzureichenden Zugänglichkeit der Versuchsanlage gewählt wurde.

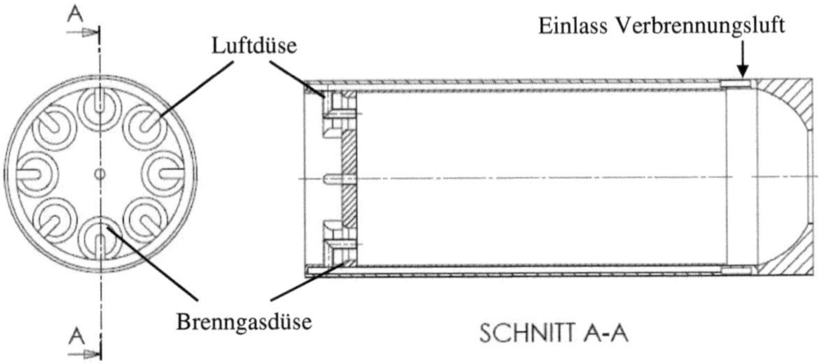

Bild 5.2: Design des FLOX®-Brenners

Durch die direkte Integration des Brenners in den heißen Bereich muss der Brenner robust und hitzebeständig gegenüber dem zugeführten heißen und mit Partikeln und Teeren beladenen Gas sein. Der Brenner sollte daher aus einem Material gefertigt werden, welches den erhöhten Materialbelastungen durch Partikelflug und hohe Temperaturen standhält. Eine Ausführung des Brenners in Keramik wäre sicherlich sinnvoll. Für die in dieser Arbeit durchgeführten Untersuchungen wurde der Brenner aber aus hochwarmfesten Stahl gefertigt. Die Standzeiten des Brenners waren für die Versuche ausreichend und Änderungen am Brenner dadurch leicht durchführbar.

5.1.3 Verbrennungsversuche mit im Vorofenfeuerung integriertem FLOX®-Brenner

Der erste Brenner-Prototyp wurde in die Vorofenfeuerung integriert und die Anlage mit verschiedenen biogenen Reststoffen getestet. Zunächst werden die Ergebnisse bei den Verbrennungsversuchen mit verschiedenen Brennstoffen vorgestellt. Der Einfluss der Brennstoffqualität auf das Betriebsfenster des FLOX®-Brenners sowie der Einfluss der Luftzahl im Vorofen auf die CO- und NOx-Emissionen werden anschließend diskutiert.

5.1.3.1 Untersuchungen zur Eignung verschiedener Brennstoffe

Holzhackschnitzel

Zu Referenzzwecken wurden zunächst wieder Verbrennungsversuche mit Holzhackschnitzeln durchgeführt. Beispielhaft sind die Verläufe von CO, NOx (angegeben als NO_2) und O_2 unter konstanten Betriebsbedingungen und Volllast in Bild 5.3 dargestellt. Nach Integration des Brenners zeigt sich eine deutliche Vergleichmäßigung der Konzentrationsverläufe von CO, NOx und O_2 im Vergleich zu dem Betrieb ohne integrierten Brenner (siehe Bild 4.1). Trotz der weiter unvermeidbaren Änderungen der Entgasungsbedingungen im Vorofen kann der Brenner die zeitlichen Schwankungen in der Produktgasqualität gut kompensieren, ohne die Sekundärluft nachregeln zu müssen. Die Restsauerstoffkonzentrationen im Abgas liegen im Mittel bei 7,5 Vol-% und schwanken nur noch ca. ± 1,5 Vol-% um diesen Wert. Konnte die Vorofenfeuerung ohne FLOX®-Brenner nur mit einem Restsauerstoffgehalt von größer 9 Vol-% betrieben werden, ohne hohe CO-Emissionen zu riskieren, zeigen die Versuche mit integriertem Brenner, dass die CO-Emissionen selbst bei Restsauerstoffkonzentrationen kleiner 6 Vol-% unterhalb von 100 mg/m³ liegen. Die gemessenen CO-und NOx-Konzentrationen sind niedriger als die bei den Versuchen ohne integriertem Brenner und liegen im Mittel bei 40 bzw. 150 mg/m³.

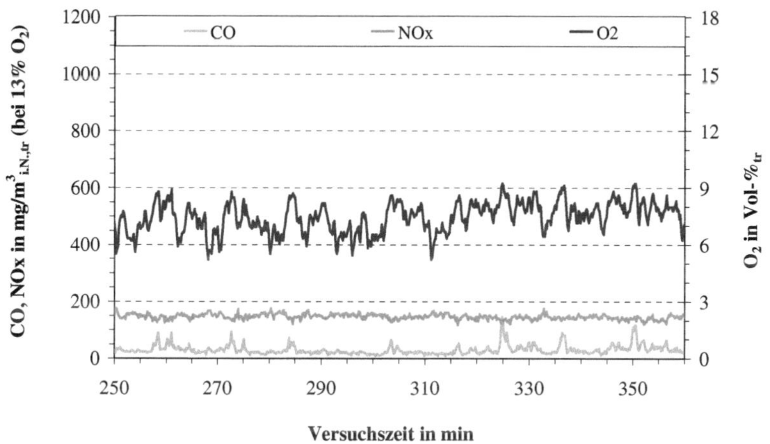

Bild 5.3: Betriebsverhalten der Vorofenfeuerung mit integriertem 1. Brenner-Prototyp bei konstanten Betriebsbedingungen und Volllast mit Holzhackschnitzeln ($\lambda_{prim} = 0{,}30$, $\lambda_{ges} = 1{,}56$)

Bei den Versuchen mit integriertem Brenner konnte außerdem eine stärkere Luftstufung (niedrigere Luftzahlen im Vorofen) realisiert werden, ohne dass es wie bei den Versuchen ohne FLOX®-Brenner zu einem Ansteigen der CO-Konzentrationen im Abgas durch die aufgetretene Flammenquenchung kommt.

Weizenspelzen

Auch bei der Verbrennung von Weizenspelzen werden sehr niedrige CO-Emissionen beobachtet, die im Mittel bei ca. 20 mg/m^3 liegen (Bild 5.4). Jedoch schwanken wie schon bei den Versuchen ohne integrierten Brenner die Restsauerstoff- und NOx-Konzentrationen stark mit der Zeit. Da die Verbrennungsluftzugabe über den Brenner konstant gehalten wurde, weisen die starken Schwankungen der Restsauerstoffkonzentrationen auf eine schwankende Qualität des dem Brenner zugeführten Entgasungsgases hin. Die starken Schwankungen der Entgasungsgaszusammensetzung sind vermutlich auch hier, wie bei den Versuchen ohne integrierten Brenner, auf die unterschiedlichen Entgasungsbedingungen im Vorofen zurückzuführen. Trotz konstanter Primärluftzugabe schwanken die realen Luftverhältnisse im Vorofen durch das Aufschmelzen des Brennstoffs auf dem Rost, was ein gleichmäßiges Durchströmen des Brennstoffbettes verhindert. Führen die Entgasungsbedingungen im Vorofen z. B. zu einem heizwertreicheren Produktgas, sinken die Restsauerstoffgehalte im Abgas bei konstanter Sekundärluftzugabe über den Brenner. Trotz der schwankenden Zusammensetzung des Produktgases können mit Hilfe des integrierten Brenners sehr niedrige CO-Emissionen über einen weiten Luftzahlbereich eingehalten werden. Erst bei sehr niedrigen Restsauerstoffkonzentrationen von 2 bis 4 Vol-% ist ein Ansteigen der CO-Konzentrationen zu beobachten (Bild 5.4, CO-Peak 1). Jedoch liegen auch dann die CO-Emissionen noch unterhalb von 200 mg/m^3.

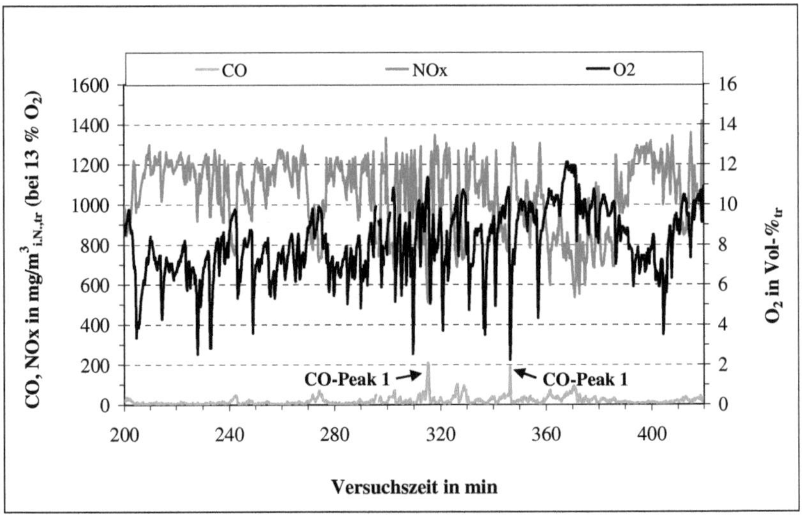

Bild 5.4: Betriebsverhalten der Vorofenfeuerung mit integriertem 1. Brenner-Prototyp bei konstanten Betriebsbedingungen mit Weizenspelzen ($\lambda_{prim} = 0{,}69$, $\lambda_{ges} = 1{,}62$)

Kommt es dagegen durch die Rostbewegung zu einem Aufbrechen des Brennstoffbettes, können durch die plötzlich einströmende Primärluft die lokalen Sauerstoffkonzentrationen ansteigen und die Produktgasqualität sinkt. Durch den reduzierten Luftbedarf steigt der Restsauerstoffgehalt im Abgas bei gleich bleibender Sekundärluftzugabe (Bild 5.4, CO-Peak 2).

Beim Blick auf die NOx-Emissionen fällt auf, dass die Konzentrationen im Vergleich zu dem Versuch ohne FLOX®-Brenner (Kapitel 4.1) auf einem sehr viel höheren Niveau liegen. Die NOx-Konzentrationen schwanken zwischen 600 und 1300 mg/m^3. Im Mittel wird über die Versuchszeit eine NOx-Konzentration von 1070 mg/m^3 gemessen und der Wert liegt damit deutlich über der gemessenen Durchschnittskonzentration von 330 mg/m^3 bei dem Versuch ohne FLOX®-Brenner. Jedoch zeigten sich bei dem Versuch ohne FLOX®-Brenner auch hohe CO-Emissionen, die durch ein unzureichendes Sauerstoffangebot bzw. ungenügende Vermischung entstehen. Diese Bedingungen führen gleichfalls zu einer reduzierten NO-Bildung bzw. der Reduktion von bereits entstandenen Stickoxiden. Bei den Versuchen mit integriertem Brenner wurde dagegen ein hoher Ausbrand erzielt und die im Entgasungsgas enthaltenen Stickstoffverbindungen in hohem Maße in NOx umgesetzt.

Rapskuchenpellets

Da die Probleme bei der Verbrennung des Rapskuchens in der konventionellen Vorofenfeuerung auf die zu kleine Partikelgröße des Brennstoffes und damit auf eine unzureichende Durchströmung des Brennstoffbettes zurückzuführen waren, wurde der Rapskuchen nun in Form von Pellets eingesetzt, um dessen Eignung für die Vorofenfeuerung mit integriertem Brenner zu untersuchen. Im Gegensatz zu den Versuchen in der konventionellen Vorofenfeuerung konnte der Rapskuchen in Form von Pellets in der Vorofenfeuerung mit integriertem FLOX®-Brenner stabil verbrannt werden (Bild 5.5).

Die CO-Emissionen lagen aber im Vergleich zu den Ergebnissen mit den Weizenspelzen auf einem wesentlich höheren Niveau. Im Mittel wurden CO-Konzentrationen von 220 mg/m^3 gemessen und lagen damit im Bereich der CO-Konzentrationen bei den Versuchen mit Weizenspelzen in der konventionellen Vorofenfeuerung. Obwohl Rapskuchen einen mehr als doppelt so hohen Stickstoffgehalt wie Weizenspelzen aufweist, lagen die NOx-Emissionen auf einem niedrigeren Niveau als bei den Versuchen mit Weizenspelzen. Über die Versuchszeit lagen die NOx-Emissionen im Mittel bei 650 mg/m^3. Auch bei der Verbrennung von Rapskuchenpellets ist der Zusammenhang zwischen CO- und NOx-Konzentrationen deutlich zu erkennen. Steigen die CO-Emissionen aufgrund der unvollständigen Verbrennung des Produktgases im Abgas an, ist gleichzeitig eine Abnahme der NOx-Emissionen zu sehen.

Basierend auf den Erfahrungen bei den Versuchen mit Weizenspelzen in der Vorofenfeuerung mit und ohne integrierten Brenner ist davon auszugehen, dass bei Verbesserung der Ausbrandqualität und entsprechend geringeren CO-Emissionen mit weitaus höheren NOx-Emissionen zu rechnen ist.

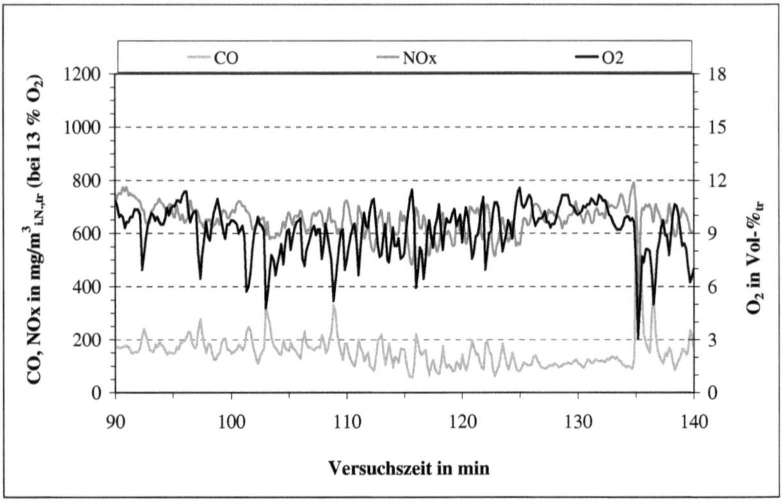

Bild 5.5: Betriebsverhalten der Vorofenfeuerung mit integriertem 1. Brenner-Prototyp bei konstanten Betriebsbedingungen mit Rapskuchenpellets ($\lambda_{prim} = 0{,}77$, $\lambda_{ges} = 1{,}77$)

5.1.3.2 Einfluss der Brennstoffqualität auf den Brennerbetrieb

Um den Einfluss der Brennstoffqualität auf das Betriebsfenster des Brenners zu untersuchen, wurden Verbrennungsversuche mit Holzhackschnitzeln verschiedener Brennstofffeuchte bei gleicher Feuerungs-Wärmeleistung durchgeführt. Bei den Versuchen wurden Holzhackschnitzel mit einem Wassergehalt von 21 bzw. 32 Ma-% verwendet. Aufgrund des geringeren Heizwertes der Holzhackschnitzel mit höherem Wassergehalt (Hu = 11,4 MJ/kg) im Vergleich zu den Holzhackschnitzeln mit geringerem Wassergehalt (Hu = 13,7 MJ/kg) war ein entsprechend höherer Brennstoffmassenstrom notwendig, um die gleiche Feuerungs-Wärmeleistung zu erreichen. In Bild 5.6 sind die gemessenen CO- und NOx-Konzentrationen (angegeben als NO_2) für die Versuche mit den Holzhackschnitzeln über den Restsauerstoffgehalt im Abgas aufgetragen. Bei der Verbrennung von Holzhackschnitzeln mit einem Wassergehalt von 21 Ma-% liegen die mittleren CO-Konzentrationen bei ca. 30 mg/m^3. Ab einem Restsauerstoffgehalt kleiner 4 Vol-% steigen die CO-Emissionen aufgrund des lokalen Sauerstoffmangels rasch an. Bei Einsatz von Holzhackschnitzeln mit einem Wassergehalt von 32 Ma-% liegen die mittleren CO-Konzentrationen bei kleiner 100 mg/m^3 für Restsauerstoffgehalte zwischen 7 bis 9,5 Vol-%. Im Gegensatz zu dem Versuch mit Hackschnitzeln niedrigerer Brennstofffeuchte steigen die CO-Emissionen bei der Verwendung von Holzhackschnitzeln mit höherem Wassergehalt bereits ab einem Restsauerstoffgehalt kleiner 7 Vol-% stark an. Bei Restsauerstoffgehalten größer 9,5 Vol-% ist außerdem ein langsames Ansteigen der CO-Emissionen zu beobachten. Ursachen hierfür liegen in der mit zunehmendem Luft-

überschuss sinkenden Temperatur in der Brennkammer, wodurch die Verbrennung der Entgasungsgase nur noch unvollständig erfolgt.
Die NOx-Konzentrationen liegen bei der Verbrennung beider Holzhackschnitzelqualitäten zwischen 100 und 150 mg/m^3. Die Brennstoffqualität hat demnach bei diesen Versuchen keinen Einfluss auf die Höhe der NOx-Emissionen. Die Zunahme der CO-Konzentrationen im Bereich niedriger bzw. höherer Restsauerstoffgehalte hat keinen Einfluss auf die Höhe der NOx-Emissionen.

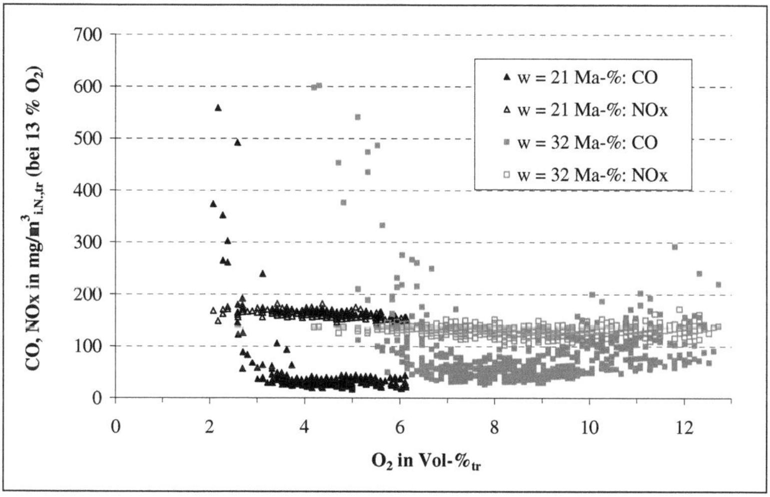

Bild 5.6: Einfluss des Wassergehaltes der Holzhackschnitzel auf die CO- und NOx-Emissionen bei der Verbrennung der Produktgase im 1. FLOX®-Brenner-Prototyp ($\lambda_{prim} = 0{,}56$)

Es wird angenommen, dass der unterschiedliche Wassergehalt der Holzhackschnitzel keinen Einfluss auf die Produktgasqualität hat, da die Produktgasqualität maßgeblich durch die Luftzahl beeinflusst wird, die bei den Versuchen konstant gehalten wurde. Jedoch kommt es durch die Erhöhung des Brennstoffmassenstroms bei Einsatz von Holzhackschnitzeln mit höherer Brennstofffeuchte zu einer größeren Produktgasmenge, die dem Brenner zugeführt wird. Aufgrund der höheren Produktgasmenge sinkt die Verweilzeit der Gase im Brenner und somit steigen die CO-Konzentrationen bei der Verbrennung von Holzhackschnitzeln mit höherer Brennstofffeuchte bereits bei höheren Restsauerstoffgehalten ($O_2 < 7$ Vol-%).

5.1.3.3 Einfluss der Luftstufung auf das Emissionsverhalten

Wie bereits bei den Untersuchungen an der Vorofenfeuerung ohne integriertem FLOX®-Brenner wurde auch bei den Versuchen mit dem ersten FLOX®-Brenner-Prototyp der Einfluss der Luftstufung auf das Emissionsverhalten für die verschiedenen Brennstoffe untersucht. Bei den Versuchen wurde die Gesamtluftzahl konstant gehalten, was demnach bei einer Primärluftmengenminderung zu einer Anhebung der Sekundärluftmenge führt.

Holzhackschnitzel
In Bild 5.7 sind die CO- und NOx-Emissionen (angegeben als NO_2) für die Verbrennungsversuche mit Holzhackschnitzeln mit einem Wassergehalt von 32 Ma-% bei Luftzahlen im Vorofen zwischen 0,55 und 1,01 dargestellt. Die Gesamtluftzahl lag bei den Versuchen zwischen 1,70 und 1,85, was einem Restsauerstoffgehalt im Abgas von 8,2 bis 9,1 Vol-% entspricht.

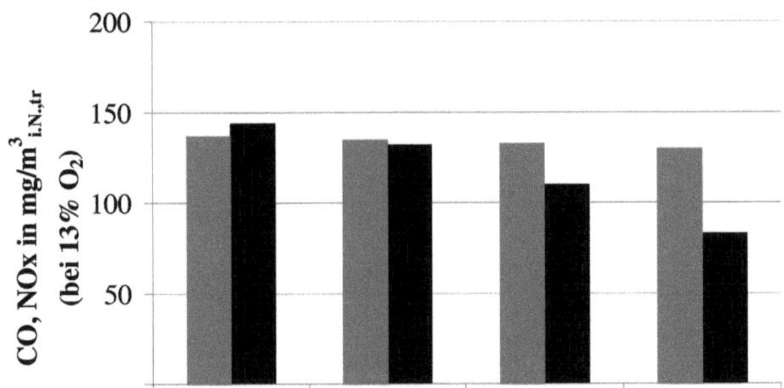

λ_{prim}	1,01	0,87	0,71	0,55
■ CO	144	132	110	83
■ NOx	137	135	133	130

Bild 5.7: Einfluss der Luftzahl im Vorofen auf die CO- und NOx-Emissionen bei der Verbrennung der Produktgase im 1. FLOX®-Brenner-Prototyp (Holzhackschnitzel)

Die mittleren NOx-Emissionen lagen bei den Versuchen zwischen 130 und 137 mg/m^3. Wie bereits bei den Versuchen ohne integrierten FLOX®-Brenner konnte auch hier für den untersuchten Luftzahlbereich kein Einfluss der Luftzahl im Vorofen auf die NOx-Emissionen beobachtet werden. Demgegenüber ist aber ein eindeutiger Einfluss der Luftzahl im Vorofen auf die CO-Emissionen zu sehen. Anders als bei den Versuchen ohne integriertem FLOX®-Brenner bei dem die CO-Emissionen mit sinkender Luftzahl im Vorofen anstiegen, nehmen hier die CO-Emissionen mit sinkender Luftzahl von 144 auf 83 mg/m^3 ab. Im Gegensatz zu den Luftstufungsversuchen an der Vorofenfeuerung ohne integrierten FLOX®-Brenner (Kapitel 4.2) bewirkt hier die Erhöhung der Sekundärluftmenge bei sinkender Luftzahl im Vorofen keine Flammenquenchung an der kalten Kesselrückwand, sondern führt im FLOX®-Brenner zu einer Erhöhung der Eintrittsgeschwindigkeit an den Sekundärluftdüsen. Es wird angenommen, dass aufgrund der Impulserhöhung der Sekundärluft eine größere Menge an Abgas intern im Brenner rezirkuliert, die Rezirkulationszone und Rückvermischung intensiviert und damit die CO-Konzentrationen im Abgas reduziert wird. Nicht zuletzt spielt aber auch die verbesserte Gasqualität bei sinkender Luftzahl eine Rolle, wodurch ebenfalls eine stabilere Verbrennung und damit ein verbesserter Ausbrand erreicht werden kann.

Weizenspelzen

In Bild 5.8 links sind die CO- und NOx-Emissionen (angegeben als NO_2) für die Verbrennungsversuche mit Weizenspelzen bei Luftzahlen im Vorofen zwischen 0,54 und 0,95 dargestellt. Die Gesamtluftzahl lag bei den Versuchen zwischen 1,48 und 1,67, was einem Restsauerstoffgehalt im Abgas von 6,9 bis 8,3 Vol-% entspricht. Die CO-Emissionen liegen für die untersuchten Luftzahlen im Vorofen auf einem sehr niedrigen Niveau und sind kleiner als 40 mg/m^3. Die geringeren CO-Emissionen bei der Verbrennung von Weizenspelzen im Vergleich zu den Holzhackschnitzeln liegen sicherlich in der reduzierten Feuerungs-Wärmeleistung begründet, die zu einer geringen Brennerbelastung führt. Im Vergleich mit den Ergebnissen aus den Verbrennungsversuchen mit Weizenspelzen an der Vorofenfeuerung ohne integriertem Brenner (Kapitel 4.2), bei denen ebenfalls die Feuerungs-Wärmeleistung abgesenkt wurde, liegen hier die CO-Emissionen mit dem integrierten FLOX®-Brenner jedoch auf einem wesentlich niedrigeren Niveau. Ein Einfluss der Luftzahl im Vorofen auf die CO-Emissionen kann bei den ohnehin geringen CO-Emissionen nicht mehr festgestellt werden.
Die mittleren NOx-Emissionen lagen im untersuchten Luftzahlbereich zwischen 496 und 546 mg/m^3. Bei Absenkung der Luftzahl im Vorofen von 0,95 auf 0,74 wird eine Erhöhung der NOx-Konzentrationen von 496 auf 546 mg/m^3 beobachtet. Dieser Trend setzt sich aber bei weiterer Senkung der Luftzahl nicht fort und die NOx-Konzentration sinkt bei einer Luftzahl von 0,54 auf einen Wert von 529 mg/m^3. Trotz der beobachteten Tendenz von steigenden NOx-Konzentrationen bei sinkender Luftzahl im Vorofen ist auch für diese Versuchsreihe der Einfluss der Luftzahl auf die NOx-Emissionen nicht eindeutig erkennbar.

Rapskuchenpellets

Für die Verbrennung von Rapskuchenpellets wurden nur zwei verschiedene Luftzahlen im Vorofen getestet (Bild 5.8 rechts). Bei einer Luftzahl im Vorofen von 0,99 und einer über die Versuchsdauer mittleren Gesamtluftzahl von 2,01 liegen die NOx-Emissionen bei durchschnittlich 714 mg/m^3 und sinken bei einer reduzierter Luftzahl im Vorofen von 0,77 (Gesamtluftzahl 1,70) auf 623 mg/m^3 ab. Im Gegensatz zu den Versuchen mit Weizenspelzen liegen bei den Versuchen mit Rapskuchenpellets die CO-Konzentrationen mit 244 und 202 mg/m^3 bei einer Luftzahl im Vorofen von 0,99 bzw. 0,77 auf einem wesentlich höheren Niveau. Auch bei der Verbrennung von Rapskuchenpellets ist der Zusammenhang zwischen CO- und NOx-Konzentrationen deutlich zu erkennen. Es ist davon auszugehen, dass der bereits in Kapitel 5.1.3.1 gezeigte Einfluss der CO-Konzentrationen auf die NOx-Emissionen die Höhe der NOx-Emissionen auch bei diesen Versuchen überlagert. Bevor der Einfluss der Luftstufung auf die NOx-Emissionen bei der Rapskuchenpelletsverbrennung abschließend beurteilt werden kann, müssen zunächst die CO-Konzentrationen weiter gesenkt werden, um eine Beeinflussung durch die unvollständige Verbrennung zu vermeiden.

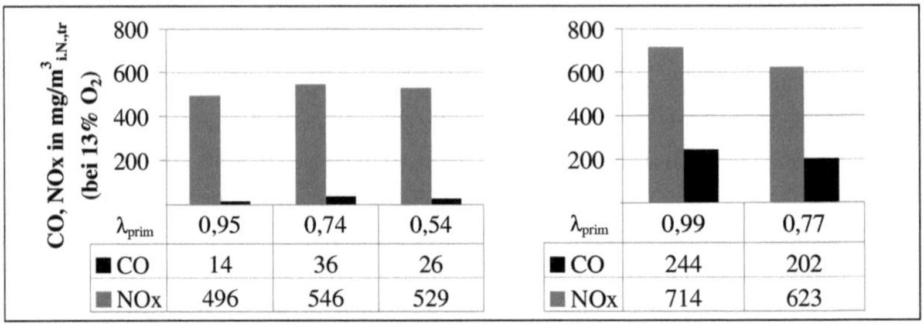

Bild 5.8: Einfluss der Luftzahl im Vorofen auf die CO- und NOx-Emissionen bei der Verbrennung der Produktgase im 1. FLOX®-Brenner-Prototyp (links: Weizenspelzen, rechts: Rapskuchenpellets)

5.1.4 Simulationsergebnisse zur Optimierung des Brennerdesigns

Für die weitere Optimierung des Brenner-Prototyps sowie für die Beurteilung des FLOX®-Betriebes bei unterschiedlicher Brennerbelastung wurden Ergebnisse aus Simulationsrechnungen mit dem CFD-Simulationsprogramm AIOLOS herangezogen und bewertet. Der zu entwickelnde FLOX®-Brenner für die Integration in die Vorofenfeuerung muss unter den verschiedenen Betriebsbedingungen der Feuerung stets die Randbedingungen für einen stabilen FLOX®-Betrieb erfüllen (siehe Kapitel 2.4.1). Mit Hilfe der Simulationsrechnungen wurde geprüft, ob auch bei variierender Brenngasqualität bzw. -menge, die dem Brenner zugeführt wird, ein stabiler FLOX®-Betrieb gewährleistet ist. Um mögliche konstruktive Vereinfachungen an dem Brenner-Design umsetzen zu können, wurden verschiedene Design-Varianten des FLOX®-Brenners mit Hilfe der Simulationsrechnungen untersucht. Die CFD-Simulationen sollen zeigen, inwieweit Vereinfachungen am Ein- und Auslassbereich des Brenners die Temperatur- und Strömungsverhältnisse in der Brennkammer des Brenners beeinflussen.

5.1.4.1 Einfluss der Brennergeometrie auf das Temperatur- und Strömungsprofil

Zunächst wurden die Temperatur- und Geschwindigkeitsprofile des ersten FLOX®-Brenner-Prototyps berechnet, die in Bild 5.9a dargestellt sind. In Bild 5.9a rechts ist deutlich zu erkennen, dass sich eine starke Rezirkulationszone entlang der Brennerachse ausbildet. Die Rückführung eines Vielfachen der heißen Abgase zum Brennermund ist ein Merkmal der

Flammlosen Oxidation, die zudem zu einer Stabilisierung der Verbrennung des heizwertarmen Brenngases führt. Auch die charakteristische Vergleichmäßigung des Temperaturfeldes in der Brennkammer eines FLOX®-Brenners ist in Bild 5.9a links deutlich zu sehen. Im Eintrittsbereich der Verbrennungsluft ist ein Temperaturunterschied im Bereich der Luftzugabe von etwa 600 K zu sehen. Die Verbrennungsluft tritt über die Luftdüsen mit einer Temperatur von 600 °C in die Brennkammer des Brenners ein und vermischt sich entlang der Brennerachse mit dem rezirkuliertem Abgas bzw. mit dem über die Gasdüsen eintretenden Brenngas. In diesem Bereich findet auch der Großteil der Verbrennungsreaktionen statt, was an den erhöhten Temperaturen im vorderen Drittel der Brennkammer zu erkennen ist.

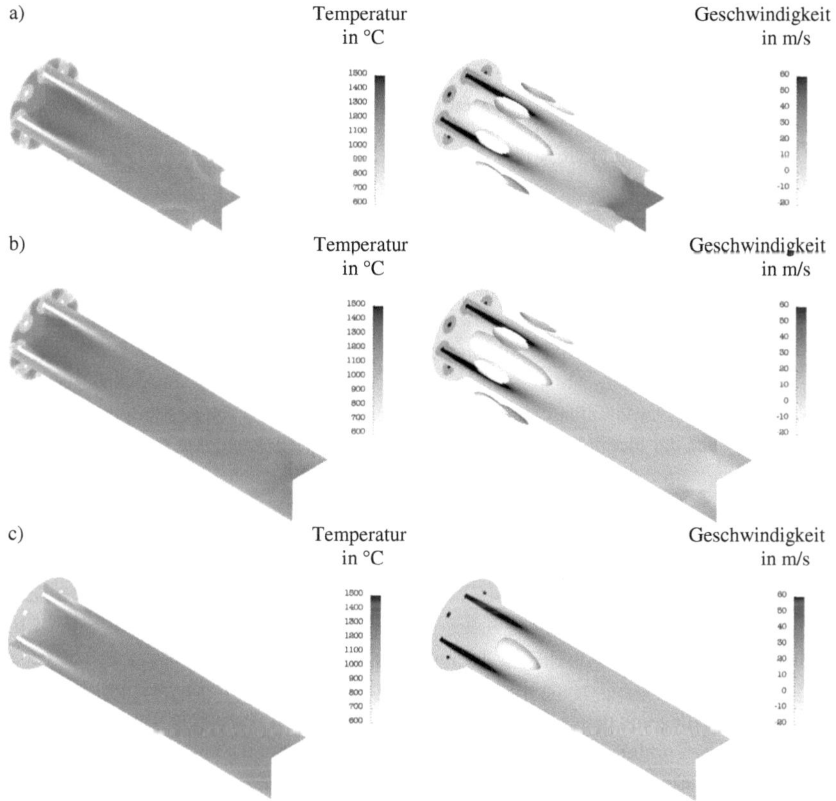

Bild 5.9 Temperatur- (links) und Geschwindigkeitsprofil (rechts; Fläche gleicher Geschwindigkeit von -8 m/s in axialer Richtung) im Brenner (a: Original, b: ohne Verjüngung am Auslass, c: ohne Verjüngung am Auslass und ohne Gasdüsenblatt)

Aufgrund der starken Rezirkulation der heißen Abgase zum Brennermund und deren Vermischung mit der Verbrennungsluft und dem Brenngas ist das Temperaturfeld in der Brennkammer jedoch sehr homogen. Die Simulationsergebnisse bestätigen, dass die Bedingungen für einen stabilen FLOX®-Betrieb für den ersten FLOX®-Brenner-Prototyp gegeben sind.

Bei der Auslegung des ersten FLOX®-Brenner-Prototyps wurde der Auslassbereich als Verjüngung ausgeführt, um die Rezirkulation der Rauchgase zusätzlich zu unterstützen. Die Simulationsrechnungen sollen prüfen, ob diese Verjüngung tatsächlich notwendig ist. Bild 5.9b zeigt die Temperatur- und Geschwindigkeitsprofile des Brenners ohne Verjüngung am Auslass. Auch hier ist eine deutlich ausgeprägte Rezirkulationszone entlang der Brennerachse zu sehen, die gleich stark ausgeprägt ist wie die zuvor bei dem Brenner mit verjüngtem Auslass berechnete. Hinsichtlich des Temperaturfeldes ist ebenso wenig ein Unterschied im Vergleich zu den Ergebnissen des Brenners mit verjüngtem Auslass zu erkennen. Durch die Integration einer Verjüngung am Brennerauslass wurde damit keine Verbesserung bzw. Verstärkung der Rezirkulation von Abgasen erzielt. Auf die Verjüngung kann in einem zweiten Brenner-Design daher verzichtet werden.

In einem zweiten Schritt wurden die Simulationsrechnungen nun auch ohne das Gasdüsenblatt am Brennermund durchgeführt, um so den Einfluss des Gasdüsenblattes auf die Strömungsbedingungen im Brenner zu bewerten. Wie in Bild 5.9c rechts zu sehen, findet zwar noch eine Rezirkulation von Abgasen zum Brennmund statt. Diese ist aber sehr viel weniger stark ausgeprägt als im Fall eines verwendeten Gasdüsenblattes und ist womöglich zu schwach, um eine stabile Flammlose Oxidation sicherzustellen. Auch im Vergleich zu den Temperaturprofilen in Bild 5.9a und b sind die Temperaturen in der Brennkammer des Brenners ohne Gasdüsenblatt deutlich niedriger, was die Annahme unterstützt, dass bei Verzicht auf das Gasdüsenblatt eine stabile Verbrennung nicht mehr gewährleistet bzw. der stabile Bereich der Flammlosen Oxidation eingeschränkt sein kann. Auf das Gasdüsenblatt kann daher in einem zweiten Brenner-Design nicht verzichtet werden.

5.1.4.2 Einfluss der Brennerleistung auf das Temperatur- und Strömungsprofil

Im Betrieb kann die Menge des dem Brenner zugeführten Entgasungsgases schwanken. So kann z. B. eine unterschiedliche Brennstoffqualität bei gleicher Feuerungs-Wärmeleistung zu einer Erhöhung bzw. Absenkung der Entgasungsgasmenge führen. Oder aber eine bedarfsabhängige Leistungsanpassung der Vorofenfeuerung führt zu einer Verringerung der Feuerungs-Wärmeleistung und damit einer reduzierten Entgasungsgasmenge, die dem Brenner zugeführt wird. Um zu prüfen, ob trotz dieser schwankenden Gasmengen und damit der schwankenden Brennerbelastung ein stabiler FLOX®-Betrieb des Brenners gewährleistet werden kann, wurden entsprechende Simulationsrechnungen durchgeführt. Da die Ergebnisse im vorangegangenen Kapitel gezeigt haben, dass die Verjüngung am Brenneraustritt keinen Einfluss auf das Temperatur- und Strömungsfeld im Brenner hat, wurden die weiteren Rechnungen mit dem

Brenner-Design ohne Verjüngung am Brennerauslass durchgeführt. Bei den Berechnungen wurde die Brenngaszusammensetzung konstant gehalten und die dem Brenner zugeführte Brenngasmenge und damit die Brennerleistung um ± 30 % vom Auslegungsfall variiert.

In Bild 5.10 sind die berechneten Temperatur- und Geschwindigkeitsprofile für die drei Leistungsfälle dargestellt.

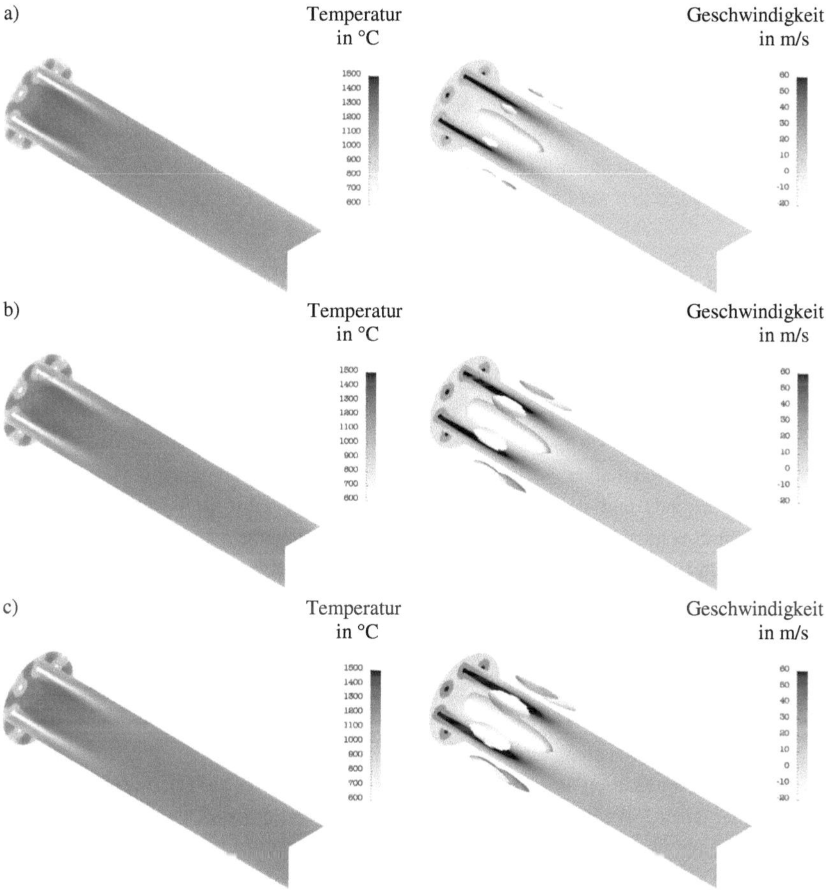

Bild 5.10 Temperatur- (links) und Geschwindigkeitsprofil (rechts; Fläche gleicher Geschwindigkeit von -8 m/s in axialer Richtung) im Brenner bei unterschiedlicher Leistung (a: $\dot{Q}$ = 70 %, b: $\dot{Q}$ = 100 %, c: $\dot{Q}$ = 130 %)

Anhand der Geschwindigkeitsprofile ist deutlich zu erkennen, welchen Einfluss die Brenngasmenge auf die Rezirkulation der Abgase hat. Je höher die Brenngasmenge umso mehr Abgase werden zum Brennermund zurückgeführt und desto stärker ist die Rezirkulationszone ausgeprägt. Für alle drei Leistungsfälle ist aber immer eine Rezirkulationszone entlang der Brennerachse vorhanden.

Die Temperaturprofile für alle drei Leistungsfälle zeigen eine homogene Temperaturverteilung entlang des Brenners. Mit abnehmender Leistung ist jedoch ein Anstieg der maximalen Temperaturen in der Brennkammer zu erkennen, was auf die schwächer ausgeprägte Rezirkulation von Abgasen und damit einer verringerten Vergleichsmäßigung des Temperaturfeldes zurückzuführen ist. Aufgrund der hohen Temperaturen kann davon ausgegangen werden, dass der Verbrennungsprozess auch bei niedriger Leistung stabil verläuft. Auch bei reduzierter Leistung kann von einem FLOX®-Betrieb des Brenners, wenn auch in schwächerer Ausprägung, ausgegangen werden.

5.1.5 Schlussfolgerungen

Die Ergebnisse aus den Untersuchungen mit dem ersten FLOX®-Brenner-Prototyp zeigen, dass durch die Integration des Brenners in die Vorofenfeuerung ein stabilerer Verbrennungsprozess möglich ist. Der FLOX®-Brenner kann Schwankungen in der Entgasungsgasmenge und -qualität gut kompensieren und ein Betrieb bei niedrigen CO-Emissionen ist über einen weiten Luftzahlbereich möglich. Der Einfluss der Brennstoffqualität auf das Verbrennungs- und Emissionsverhalten ist deutlich zu sehen. Bei der Verbrennung von Weizenspelzen kommt es aufgrund der niedrigen Ascheschmelztemperatur zu einem Aufschmelzen des Brennstoffes im Vorofen, wodurch die Entgasungsbedingungen und damit die Entgasungsgasmenge und -qualität sehr stark variieren. Neben dem Entgasungsverhalten beeinflussen auch Schwankungen in der Qualität eines Brennstoffes bei konstanter Feuerungs-Wärmeleistung das Betriebsfenster des FLOX®-Brenners. Mit sinkender Brennstoffqualität (hier: erhöhter Brennstofffeuchte) steigt die minimale Luftzahl, bei der die Verbrennung des Entgasungsgases noch vollständig ist und die CO-Emissionen auf einem niedrigen Niveau liegen. Dabei liegt die minimale Luftzahl aber immer noch auf einem niedrigeren Niveau als bei dem Betrieb der Vorofenfeuerung ohne integrierten FLOX®-Brenner.

Durch die Integration des FLOX®-Brenners im Vergleich zu der Vorofenfeuerung ohne Brenner ist auch ein Betrieb bei niedrigeren Luftzahlen im Vorofen und damit einer stärkeren Luftstufung möglich. Kam es im Betrieb der Vorofenfeuerung bei sinkender Luftzahl im Vorofen und gleichzeitig steigender Sekundärluftmenge zu einer Flammenquenchung an der Rückwand des Kessels und damit einer unvollständigen Verbrennung, konnte bei Einsatz des FLOX®-Brenners eine stärkere Luftstufung bei gleichzeitig niedrigen CO-Emissionen realisiert werden. Obwohl bei steigender Luftstufung eine Reduktion der Stickoxidemissionen zu erwarten gewesen wäre, konnten die Untersuchungen hier diesen Einfluss nicht bestätigen.

Mit Hilfe der CFD-Simulationen konnten die charakteristischen Merkmale eines FLOX®-Brenners überprüft werden und die Ergebnisse zeigen, dass es innerhalb des ersten FLOX®-Brenner-Prototyps zu einer Ausbildung einer starken Rezirkulationszone und einer Vergleichmäßigung des Temperaturprofils kommt. Die Verjüngung am Brennerauslass führt dabei zu keiner weiteren Verstärkung der internen Abgasrezirkulation. Dagegen ist das Gasdüsenblatt am Brennermund unerlässlich für die Erhaltung einer starken Rezirkulationszone. Auch bei niedriger Brennerbelastung ist die interne Rezikulation von Abgasen noch ausreichend hoch, um den Verbrennungsprozess zu stabilisieren und den FLOX®-Betrieb zu gewährleisten.

5.2 Zweiter Prototyp

Simulationsergebnisse aus dem vorangegangenen Kapitel zeigen, dass die Verjüngung am Brennerende keinen Einfluss auf das Temperatur- und Geschwindigkeitsprofil im Brenner hat. Ob dies auch auf das Emissionsverhalten zutrifft und ob damit eine Vereinfachung des Brenner-Designs möglich ist und auf die Verjüngung am Brennerende verzichtet werden kann, soll in diesem Kapitel beantwortet werden. Dafür werden in Anlehnung an die Versuche mit dem ersten FLOX®-Brenner-Prototyp wieder Untersuchungen mit verschiedenen Brennstoffen durchgeführt sowie der Einfluss der Luftstufung auf das Emissionsverhalten betrachtet.

Wie die Messungen der Entgasungsgaszusammensetzung in Kapitel 5.1.1 zeigen, sind die erzeugten Schwachgase trotz unterstöchiometrischer Bedingungen im Vorofen durch einen hohen Anteil an Sauerstoff gekennzeichnet. Um bessere Entgasungsbedingungen im Vorofen zu schaffen, wurde an der Vorofenfeuerung zusätzlich eine externe Rezirkulation von Abgas in den Vorofen realisiert und deren Einfluss auf das Emissionsverhalten der Anlage untersucht.

5.2.1 Brennerdesign

Basierend auf den Ergebnissen der Simulationsrechnungen wird der zweite FLOX®-Brenner-Prototyp ohne Verjüngung am Brenneraustritt gebaut. Die Geometrien für Luft- und Brenngasdüsen sowie deren Anordnung wurden nicht geändert und entsprechen den Angaben in Kapitel 5.1.2. Der Brennkammerdurchmesser sowie die Brennkammerlänge wurden ebenso beibehalten. Der zweite FLOX®-Brenner-Prototyp wurde gleichfalls aus hochwarmfesten Stahl gefertigt.

5.2.2 Verbrennungsversuche mit im Vorofenfeuerung integriertem FLOX®-Brenner

Der erste Brenner-Prototyp wurde durch den zweiten Brenner-Prototyp ersetzt und in die Vorofenfeuerung eingebaut. Der Betrieb der Vorofenfeuerung mit integriertem zweiten Brenner-Prototyp wird mit drei verschiedenen Biomassen getestet. Wie bereits mit dem ersten Brenner-Prototyp werden Verbrennungsversuche mit Holzhackschnitzeln und Rapskuchenpellets durchgeführt. Auf Versuche mit Weizenspelzen wurde verzichtet, da es brennstoffbedingt im Betrieb zu großen Schwankungen in der Brenngasqualität und -menge kam. Stattdessen wurden Weizenpellets getestet, deren Ascheschmelzpunkt durch die Zumischung von 2 Ma-% Kalk erhöht wurde (siehe Anhang A, Bild A 1), um Probleme wie das Aufschmelzen des Brennstoffes auf dem Rost zu vermeiden.

5.2.2.1 Untersuchungen zur Eignung verschiedenerBrennstoffe

Holzhackschnitzel

In Bild 5.11 sind beispielhaft die typischen Verläufe der CO-, NOx (angegeben als NO_2) und O_2-Konzentrationen im Abgas über der Zeit bei der Verbrennung von Holzhackschnitzeln in der Vorofenfeuerung mit integriertem zweiten FLOX®-Brenner-Prototyp unter konstanten Betriebsbedingungen und Volllast dargestellt.

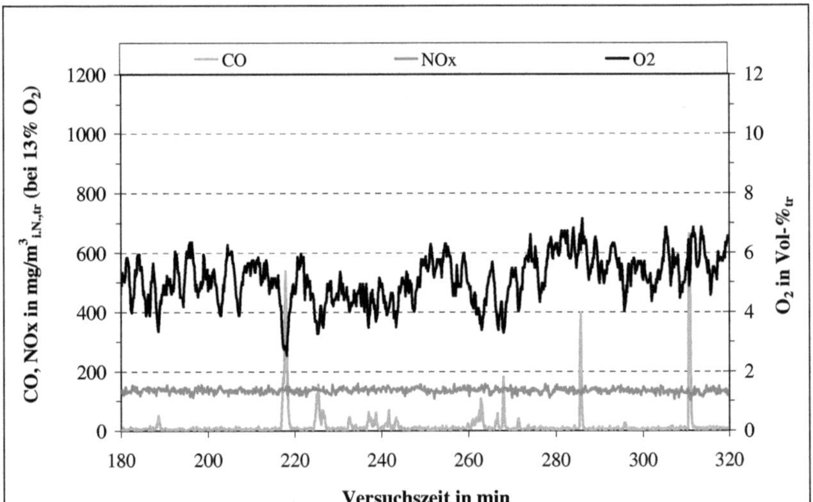

Bild 5.11: Betriebsverhalten der Vorofenfeuerung mit integriertem 2. Brenner-Prototyp bei konstanten Betriebsbedingungen mit Holzhackschnitzeln ($\lambda_{prim} = 0,69$, $\lambda_{ges} = 1,32$)

Da die Primär- und Sekundärluftmengen konstant gehalten werden, kann aus den zeitlich schwankenden Restsauerstoffkonzentrationen auf Schwankungen in den Entgasungsbedingungen im Vorofen und damit auf Änderungen der Produktgasqualität geschlossen werden. Ähnlich wie bereits bei den Versuchen mit dem ersten FLOX®-Brenner-Prototyp können die zeitlichen Schwankungen in der Brenngasqualität durch den Brenner gut kompensiert werden, ohne die Sekundärluft nachzuregeln. Die CO-Konzentrationen liegen mit durchschnittlich kleiner 20 mg/m^3 auf einem sehr niedrigen Niveau und trotz der Schwankungen in der Brenngasqualität kann eine vollständige Verbrennung gewährleistet werden.
Ein Betrieb bei niedrigen Restsauerstoffgehalten ist auch mit dem zweiten FLOX®-Brenner-Prototyp möglich. Der Restsauerstoffgehalt liegt im Mittel bei 5,1 Vol-%. Erst bei Restsauerstoffgehalten kleiner 4 Vol-% steigen die CO-Konzentrationen an. Die Stickoxidemissionen liegen im Mittel bei 136 mg/m^3 und schwanken kaum mit der Zeit. Auch kurzzeitige CO-Peaks haben keinen Einfluss auf die Höhe der NOx-Konzentrationen.

Weizenpellets
Da im Vorofen Temperaturen von über 1000 °C gemessen wurden und die Aschen von Weizenspelzen bereits ab 900 °C beginnen aufzuschmelzen (siehe Anhang A, Bild A 1), wurde auf weitere Versuche mit Weizenspelzen verzichtet, da die aus den Aufschmelzungen resultierende Anbackungen auf dem Rost den Anlagenbetrieb zu stark beeinflusst haben. Weitere Versuche wurden daher mit Weizenpellets durchgeführt, die einen Anteil von 2 Ma-% Kalk enthielten, um das Ascheschmelzverhalten zu verbessern (siehe Anhang A, Bild A 1).
Die Konzentrationsverläufe von CO, NOx (angegeben als NO_2) und O_2 im Abgas sowie die gemessenen Temperaturen in der Brennermitte sind in Bild 5.12 zu sehen. Im Gegensatz zu den Versuchen mit den Weizenspelzen ist eine deutliche Vergleichmäßigung der Konzentrationsverläufe zu erkennen. Die Entgasung im Vorofen kann offensichtlich kontinuierlicher erfolgen als noch mit Weizenspelzen und ist nur noch durch das periodische Nachschieben des Brennstoffes beeinflusst, was die typischen zyklischen Schwankungen in der Restsauerstoffkonzentration verursacht. Der durchschnittliche Restsauerstoffgehalt beträgt bei dem Versuch 6,7 Vol-% und erst bei Unterschreiten von 3 Vol-% kommt es zu einem leichten Anstieg der CO-Emissionen. Aufgrund des hohen Stickstoffanteils im Brennstoff von 2,6 Ma-% werden entsprechend hohe Stickoxidkonzentrationen im Abgas gemessen. Im Mittel liegen die Konzentrationen bei 752 mg/m^3, schwanken jedoch im Betrieb in einem weiten Bereich von 600 bis 900 mg/m^3. Weiterhin ist auffällig, dass bei sinkenden Sauerstoffgehalten und gleichzeitig steigender Temperatur im Brenner die Stickoxidemissionen ansteigen und umgekehrt.

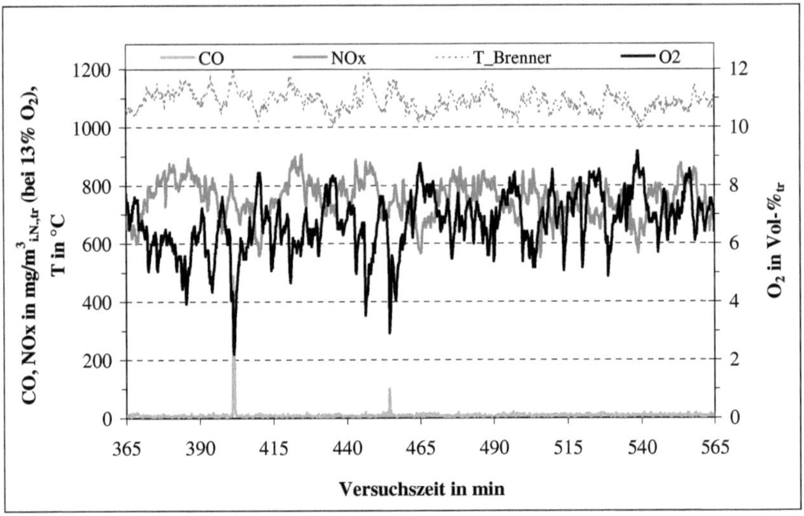

Bild 5.12: Betriebsverhalten der Vorofenfeuerung mit integriertem 2. Brenner-Prototyp bei konstanten Betriebsbedingungen mit Weizenpellets ($\lambda_{prim} = 0,86$, $\lambda_{ges} = 1,47$)

Rapskuchenpellets

Für die Verbrennungsversuche mit Rapskuchenpellets sind die Konzentrations- und Temperaturverläufe in Bild 5.13 dargestellt.

Wie bereits bei den Versuchen mit Holzhackschnitzeln und Weizenpellets können über die gesamte Versuchsdauer sehr geringe CO-Emissionen erreicht werden, die für diesen Versuch bei durchschnittlich 20 mg/m^3 liegen. Die Konzentrationsverläufe zeigen einen im Vergleich zu den früheren Verbrennungsversuchen mit Rapskuchenpellets konstanten Verbrennungsverlauf mit geringen Schwankungen im Restsauerstoffgehalt im Abgas. Der Restsauerstoffgehalt liegt im Mittel bei 8,1 Vol-% und schwankt über der Zeit nur um ± 1,5 Vol-% um diesen Wert. Über der Versuchzeit wurden mittlere Stickoxidemissionen von 795 mg/m^3 gemessen, wobei die aktuellen Werte zwischen 650 und 1000 mg/m^3 variieren können. Obwohl die Rapskuchenpellets einen mehr als doppelt so hohen Stickstoffgehalt wie die Weizenpellets aufweisen, lagen die Stickoxidemissionen auf einem ähnlichen Niveau wie bei der Verbrennung von Weizenpellets. Es ist aber zu erwähnen, dass der in Bild 5.12 dargestellte Versuch mit Weizenpellets bei anderen Luftstufungsbedingungen durchgeführt wurde als der in Bild 5.13 gezeigte Versuch mit Rapskuchenpellets. Gleich für beide Versuche ist aber das Verhalten der Stickoxidkonzentrationen bei schwankenden Restsauerstoffgehalten im Abgas bzw. schwankenden Temperaturen im Brenner. Auch hier scheint es eine Abhängigkeit zwischen den Stickoxidwerten und dem Restsauerstoffgehalt bzw. der Temperatur im Brenner zu geben und es lassen sich bei sinkenden Restsauerstoffgehalten bzw. steigenden Temperaturen im Brenner erhöhte Stickoxidkonzentrationen beobachten.

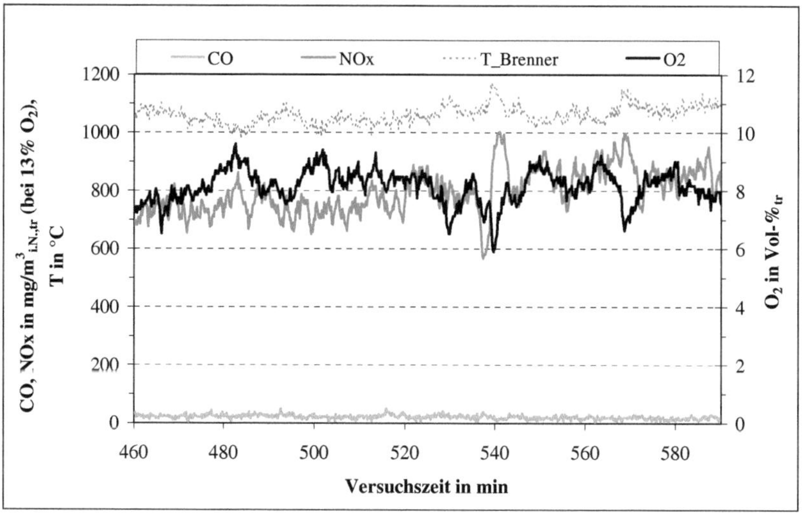

Bild 5.13: Betriebsverhalten der Vorofenfeuerung mit integriertem 2. Brenner-Prototyp bei konstanten Betriebsbedingungen mit Rapskuchenpellets ($\lambda_{prim} = 1{,}22$, $\lambda_{ges} = 1{,}62$)

5.2.2.2 Einfluss der Luftstufung auf das Emissionsverhalten

Auch für die Untersuchungen an der Vorofenfeuerung mit dem zweiten integrierten FLOX®-Brenner-Prototyp wurde der Einfluss der Luftstufung auf das Emissionsverhalten bei der Nutzung der verschiedenen Biomassen betrachtet. Ebenso wie bei den früheren Versuchen wurde bei Absenkung der Primärluft die Sekundärluft entsprechend erhöht, um die Gesamtluftzahl konstant zu halten.

Holzhackschnitzel

Für die Untersuchung des Einflusses der Luftstufung in der Vorofenfeuerung auf die NOx-Konzentrationen im Abgas bei der Verbrennung von Holzhackschnitzeln wurde die Versuchsanlage mit vier verschiedenen Luftzahlen im Vorofen betrieben. Die Luftzahlen im Vorofen wurden zwischen 0,47 und 0,97 variiert. Die Gesamtluftzahlen lagen zwischen 1,31 und 1,37, was einem Restsauerstoffgehalt von 4,9 bis 5,7 Vol-% entspricht. Wie in Bild 5.14 zu sehen, sinken die NOx-Konzentrationen im Abgas mit abnehmender Luftzahl im Vorofen von 168 auf 118 mg/m³ ab. Dies entspricht einer Reduktion von ca. 30 %. Während bei den Versuchen

an der Vorofenfeuerung ohne FLOX®-Brenner bzw. mit integriertem ersten FLOX®-Brenner-Prototyp keine eindeutige Abhängigkeit der NOx-Emissionen von der Tiefe der Luftstufung zu sehen war, konnte hier nun ein Minderungspotential für die NOx-Emissionen durch eine stärkere Luftstufung gezeigt werden. War bei den früheren Untersuchungen eine Überlagerung des Effektes einer reduzierten Luftzahl im Vorofen auf die NOx-Emissionen durch die erhöhten CO-Konzentrationen im Abgas möglich, wurden bei den Versuchen hier nur sehr geringe CO-Konzentrationen im Abgas gemessen, die bei allen Versuchen unter 20 mg/m^3 liegen.
Durch eine Reduzierung der Luftzahl im Vorofen werden die möglichen lokal auftretenden Bereiche mit überstöchiometrischen Bedingungen verringert und die Bildung von NO bereits im Vorofen verhindert bzw. minimiert. In der zweiten Stufe, hier dem integrierten FLOX®-Brenner-Prototyp, findet der anschließende Ausbrand der Entgasungsprodukte statt. Durch die intensive Vermischung des Entgasungsgases mit der Luft bzw. dem intern rezirkulierten Abgas im dem FLOX®-Brenner ist jederzeit ein vollständiger Ausbrand mit sehr geringen CO-Emissionen gewährleistet.

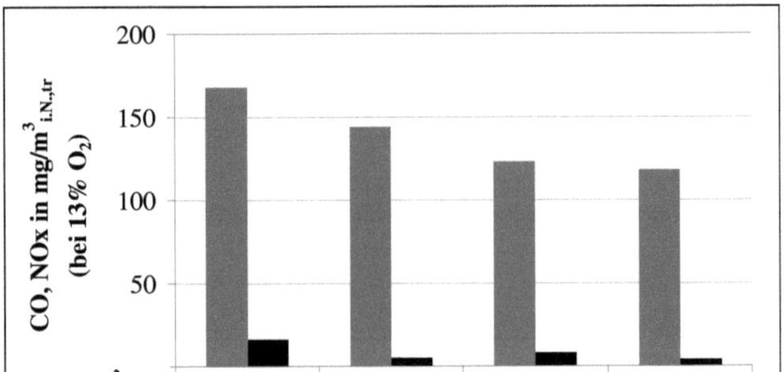

λ_{prim}	0,97	0,80	0,62	0,47
■ CO	16	5	8	4
■ NOx	168	144	123	118

Bild 5.14: Einfluss der Luftzahl im Vorofen auf die CO- und NOx-Emissionen bei der Verbrennung der Produktgase im 2. FLOX®-Brenner-Prototyp (Holzhackschnitzel)

Weizenpellets

Bei der Verbrennung von Weizenpellets in der Vorofenfeuerung mit dem zweiten integrierten FLOX®-Brenner-Prototyp wurde die Luftzahl im Vorofen zwischen 0,84 und 1,23 variiert. Die durchschnittliche Gesamtluftzahl lag dabei zwischen 1,43 und 1,56, was einem Restsauerstoffgehalt von 6,3 bis 7,4 Vol-% entspricht. Aufgrund des höheren Brennstoffstickstoffgehaltes von Weizenpellets im Vergleich zu Holzhackschnitzeln wurden entsprechend höhere Stickoxidwerte gemessen. Die NOx-Emissionen liegen bei der Verbrennung von Weizenpellets mehr als viermal so hoch wie bei den Versuchen mit Holzhackschnitzeln. Anders als bei den Untersuchungen mit Holzhackschnitzeln ist bei den Versuchen mit Weizenpellets ein Anstieg der NOx-Konzentrationen mit sinkender Luftzahl im Vorofen zu beobachten (Bild 5.15). Die NOx-Emissionen steigen mit sinkenden Luftzahlen um über 30 % von 579 auf 767 mg/m^3 an. Wie bereits bei den Versuchen mit Holzhackschnitzeln wurden bei allen Versuchen sehr geringe CO-Konzentrationen von 30 mg/m^3 und kleiner gemessen.

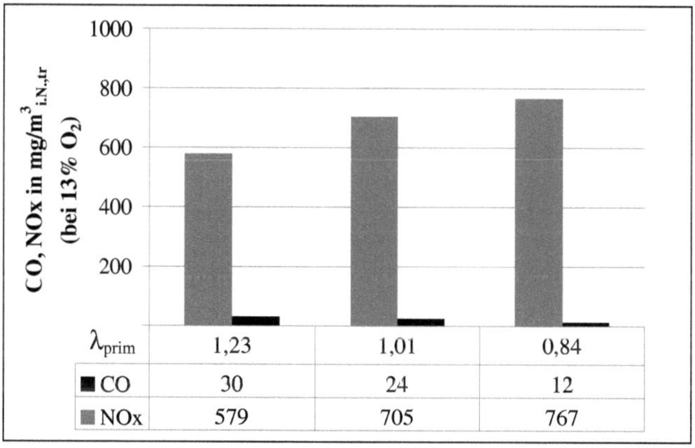

Bild 5.15: Einfluss der Luftzahl im Vorofen auf die CO- und NOx-Emissionen bei der Verbrennung der Produktgase im 2. FLOX®-Brenner-Prototyp (Weizenpellets)

Rapskuchenpellets

Die CO- und NOx-Emissionen (angegeben als NO_2) aus den Luftstufungsversuchen mit Rapskuchenpellets sind in Bild 5.16 dargestellt. Die Luftzahl im Vorofen wurde von 1,16 auf 0,92 bzw. 0,73 abgesenkt. Die Gesamtluftzahl lag dabei zwischen 1,43 und 1,69, was einem Restsauerstoffgehalt von 6,4 bis 8,7 Vol-% entspricht. Trotz des mehr als doppelt so hohen Stickstoffgehaltes der Rapskuchenpellets im Vergleich zu den Weizenpellets liegen die NOx-Konzentrationen in einem ähnlichen Bereich bzw. nur um etwa 100 bis 200 mg/m^3 höher. Anders als bei den Versuchen mit Weizenpellets ist keine Zunahme der NOx-Emissionen mit sinkender Luftzahl zu beobachten. Die NOx-Konzentrationen sinken nur leicht um etwa 30 mg/m^3 bei Absenkung der Luftzahl im Vorofen von 1,16 auf 0,73. Auch bei der Verbrennung von Rapskuchenpellets kann ein vollständiger Ausbrand der Entgasungsgase im FLOX®-Brenner erreicht werden und die CO-Emissionen liegen zwischen 24 und 52 mg/m^3.

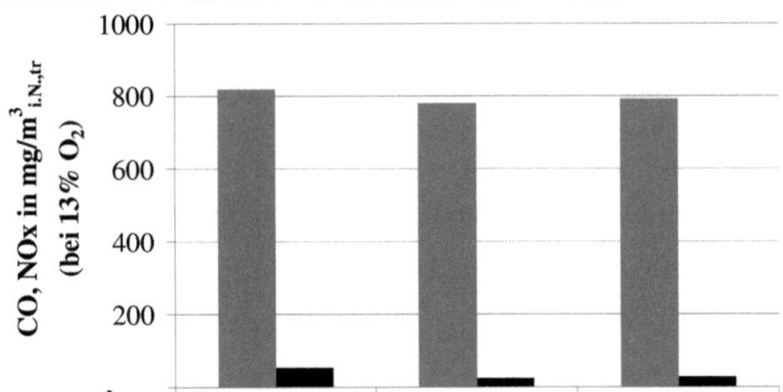

λ_{prim}	1,16	0,92	0,73
■ CO	52	24	27
■ NOx	819	779	791

Bild 5.16: Einfluss der Luftzahl im Vorofen auf die CO- und NOx-Emissionen bei der Verbrennung der Produktgase im 2. FLOX®-Brenner-Prototyp (Rapskuchenpellets)

Bei der NOx-Entstehung in der Vorofenfeuerung ist davon auszugehen, dass mehrere Prozesse ineinander greifen. Einerseits wird die Qualität des Entgasungsgases durch die Luftzahl im Vorofen bestimmt und damit die Art und Höhe der gebildeten Stickstoffverbindungen beeinflusst. So kann eine Zunahme der im Vorofen gebildeten flüchtigen Stickstoffverbindungen in Form von z. B. NH_3 und HCN zu einem Ansteigen der NOx-Emissionen führen, wenn diese im Brenner zu NO umgewandelt werden. Andererseits beeinflusst auch die Luftzahl im Brenner die Umsetzung der NOx-Vorläufersubstanzen zu Stickstoff bzw. NO und bestimmt die Höhe der NOx-Konzentrationen. Eine genauere Analyse der Entgasungsgaszusammensetzung ist notwendig, um die Vorgänge bei der Verbrennung von stickstoffreichen Brennstoffen genauer zu untersuchen. Die Ergebnisse von entsprechenden Untersuchungen werden in Abschnitt 5.2.3 vorgestellt.

5.2.2.3 Einfluss einer externen Abgasrezirkulation auf das Emissionsverhalten

Aufgrund der relativ hohen gemessenen Sauerstoffkonzentrationen im Produktgas sollte durch eine externe Abgasrezirkulation bessere Entgasungsbedingungen im Vorofen geschaffen werden. Bisher wurde für eine niedrige Luftzahl im Vorofen die zugeführte Primärluftmenge reduziert. Bei geringer Primärluftmenge, die dem Vorofen über den Rost zugeführt wird, kann es aber möglicherweise zu einer unzureichenden Durchströmung und Mischung mit dem Brennstoff kommen. Auch die Gefahr eines Falschlufteintrags in den Vorofen kann sich dadurch erhöhen und somit zu unverhältnismäßig hohen Sauerstoffkonzentrationen im Vorofen führen. Ziel der externen Abgasrezirkulation ist es, dem Vorofen eine höhere Gasmenge bei gleichzeitig geringem Sauerstoffangebot zuzuführen, um dadurch eine gleichmäßige Durchströmung des Brennstoffbettes auch bei geringen Luftzahlen im Vorofen zu bewirken. Zwei verschiedene Fälle wurden untersucht. Im ersten Fall wurde die dem Vorofen zugeführte spezifische Gasmenge variiert und die Luftzahl im Vorofen konstant gehalten, indem die Rezirkulationsrate entsprechend geändert wurde. Im zweiten Fall wurde die zugeführte Gasmenge konstant gehalten und der Anteil des rezirkulierten Abgases (Rezirkulationsrate) erhöht, wodurch die Luftzahl im Vorofen abgesenkt wurde.

In Bild 5.17 ist der Einfluss der spezifischen Primärgasmenge auf die NOx-Emissionen (angegeben als NO_2) bei den Verbrennungsversuchen mit Holzhackschnitzeln, Weizenpellets und Rapskuchenpellets und einer externen Abgasrezirkulation dargestellt. Bei Einsatz von Holzhackschnitzeln konnte kein Einfluss der spezifischen Primärgasmenge auf die NOx-Emissionen beobachtet werden und die NOx-Emissionen liegen mit 129 bis 135 mg/m^3 auf einem ähnlichen Niveau. Für die Versuche mit Weizenpellets und Rapskuchenpellets ist bei Erhöhung der spezifischen Primärgasmenge eine Reduktion der NOx-Emissionen zu erkennen. Wird die spezifische Primärgasmenge im Fall von Weizenpellets von 0,91 auf 1,54 erhöht, sinken die NOx-Konzentrationen von 837 auf 602 mg/m^3. Bei den Versuchen mit Rapskuchenpellets bewirkt eine Erhöhung der spezifischen Primärgasmenge von 1,08 auf 1,50 eine Absenkung der NOx-Werte von 893 auf 824 mg/m^3. Trotz gleich bleibender Luftzahl im Vorofen kann durch die externe Abgasrezirkulation die dem Vorofen zugeführte Primärgasmenge erhöht und damit bessere Entgasungsbedingungen im Vorofen geschaffen werden. Es ist anzunehmen, dass durch die externe Abgasrezirkulation die teilweise Umwandlung von Brennstoff-Stickstoff zu NO, verursacht durch lokale überstöchiometrischer Zonen, reduziert wird.

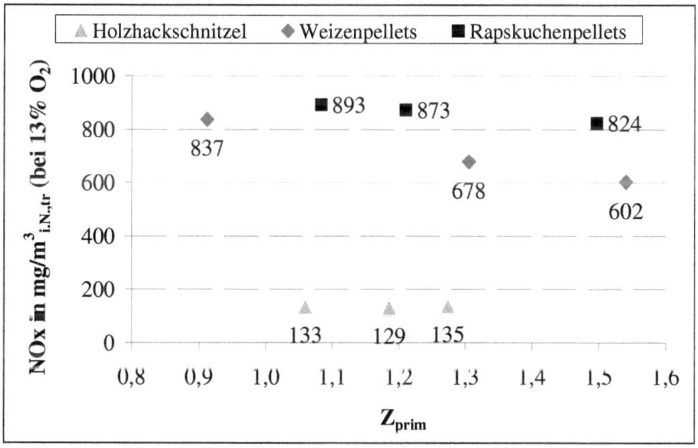

Bild 5.17: Einfluss der spezifischen Primärgasmenge auf die NOx-Emissionen

In Bild 5.18 ist der Einfluss der Luftzahl im Vorofen auf die NOx-Emissionen (angegeben als NO_2) durch Variation der Rezirkulationsrate bei der Verbrennung von Holzhackschnitzeln, Weizenpellets und Rapskuchenpellets gezeigt. Bei Einsatz von Holzhackschnitzeln wurde die Rezirkulationsrate zwischen 38 und 46 Vol-% variiert, was einer Reduktion der Luftzahl im Vorofen von 1,06 (R=38 Vol-%) auf 0,82 (R=46 Vol-%) entspricht. Wie bereits bei den Versuchen mit variierter spezifischer Primärgasmenge ist auch bei einer Absenkung der Luftzahl durch Erhöhung der Rezirkulationsrate kein Einfluss auf die NOx-Emissionen bei der Verbrennung von Holzhackschnitzeln zu beobachten. Bei der Verbrennung von Weizenpellets und Rapskuchenpellets ist dagegen ein Einfluss der Rezirkulationsrate auf die NOx-Emissionen zu sehen. Im Fall der Weizenpellets steigen die NOx-Konzentrationen von 602 auf 848 mg/m^3 mit Zunahme der Rezirkulationsrate von 46 auf 70 Vol-% (entspricht einer Luftzahlabsenkung von 1,04 auf 0,67). Bei der Verbrennung von Rapskuchenpellets kommt es dagegen zu einer Absenkung der NOx-Konzentrationen von 947 auf 824 mg/m^3, wenn die Rezirkulationsrate von 44 auf 54 Vol-% (entspricht einer Luftzahlabsenkung von 1,02 auf 0,90) erhöht wird.

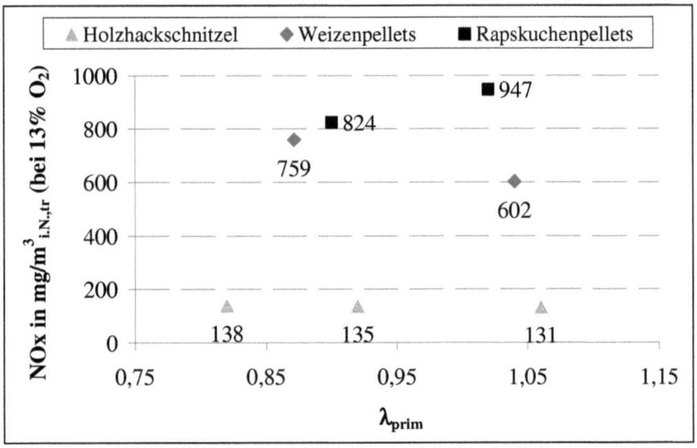

Bild 5.18: Einfluss der Luftzahl im Vorofen auf die NOx-Emissionen durch Variation der Rezirkulationsrate

Durch die Erhöhung der Rezirkulationsrate wird die Luftzahl im Vorofen gesenkt, da der Sauerstoffgehalt mit zunehmendem Anteil an Abgas in der Primärgasmenge abgesenkt wird. Wie bereits bei den Luftstufungsversuchen gesehen, erhöhen sich die NOx-Emissionen bei sinkender Luftzahl im Vorofen bei Einsatz von Weizenpellets, während bei Einsatz von Rapskuchenpellets die NOx-Konzentrationen sinken, wenn die Luftzahl reduziert wird. Der bei den Luftstufungsversuchen gesehene Trend von reduzierten NOx-Emissionen bei Absenkung der Luftzahl im Vorofen bei der Verbrennung von Holzhackschnitzeln kann jedoch bei den hier durchgeführten Versuchen mit externer Abgasrezirkulation nicht beobachtet werden. Vergleicht man jedoch die NOx-Emissionen (angegeben als NO_2) mit denen aus den Versuchen ohne externer Abgasrezirkulation (Bild 5.19), erkennt man, dass keine deutliche Reduktion der NOx-Emissionen durch die externe Abgasrezirkulation erreicht werden kann. Für die Holzhackschnitzel-Versuche ist nur eine geringe aber nicht signifikante Absenkung der NOx-Emissionen durch die Abgasrezirkulation zu erkennen, während die NOx-Emissionen für die Rapskuchenpellets bei den Versuchen ohne externe Abgasrezirkulation sogar etwas niedriger liegen. Bei den Versuchen mit Weizenpellets ist kein Einfluss der externen Abgasrezirkulation zu sehen.

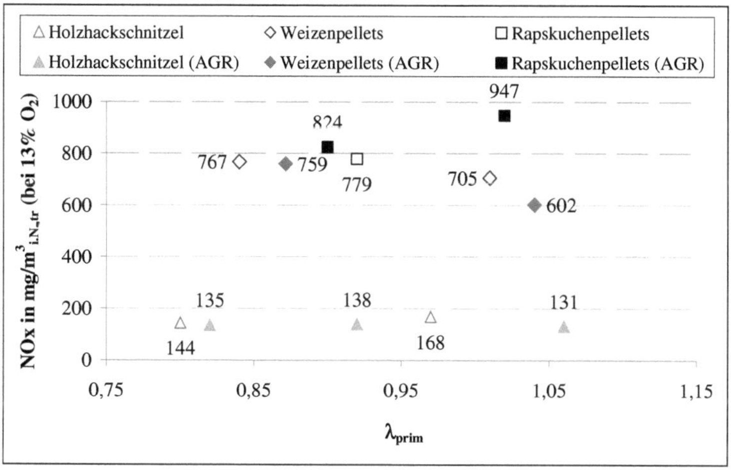

Bild 5.19: Vergleich der NOx-Emissionen aus den Versuchen ohne und mit einer externen Abgasrezirkulation (AGR)

5.2.3 Einfluss der Brennstoffqualität auf das Emissionsverhalten

Für eine bessere Interpretation der Ergebnisse ist eine genauere Charakterisierung der Zusammensetzung des im Vorofen erzeugten Produktgases notwendig. Für die Auslegung des Brenners wurde bereits die Produktgaszusammensetzung bei der Entgasung von Holzhackschnitzel bestimmt. Während der Versuche mit dem zweiten FLOX®-Brenner-Prototyp wurde nun erneut eine Analyse der Produktgaszusammensetzung durchgeführt. Für alle drei Brennstoffe (Holzhackschnitzel, Weizenpellets und Rapskuchenpellets) wurden die Anteile an H_2, CH_4, O_2, CO_2 und CO im Produktgas bei unterschiedlichen Luftzahlen im Vorofen gemessen.

Zusätzlich wurden die Gehalte an den Stickstoffverbindungen NO, HCN und NH_3, zusammen als ‚Total-Fuel-Nitrogen' (TFN) bezeichnet, bestimmt.

5.2.3.1 Charakterisierung der Produktgase

In Bild 5.20 ist die Zusammensetzung des Produktgases aus der Entgasung von Holzhackschnitzeln mit sinkender Luftzahl im Vorofen bzw. bei externer Abgasrezirkulation dargestellt. Wie zu erwarten und bereits in Kapitel 5.1.1 gezeigt, nimmt der Gehalt an brennbaren Gasen mit sinkender Luftzahl etwas zu und demzufolge steigt der Heizwert der Produktgase, wenn auch nur geringfügig. Insgesamt wird wie bereits zuvor gesehen nur ein sehr heizwertarmes Gas im Vorofen erzeugt. Die Heizwerte der Produktgase liegen bei ca. 1 $MJ/m^3_{i.N.}$. Die erhoffte Verbesserung der Entgasungsbedingungen und somit eine Verbesserung der Produktgasqualität durch die externe Abgasrezirkulation kann nicht bestätigt werden. Der Heizwert des Produktgases bei externer Abgasrezirkulation liegt sogar auf einem niedrigeren Niveau als bei dem Versuch ohne externe Abgasrezirkulation und einer vergleichbaren Luftzahl im Vorofen.

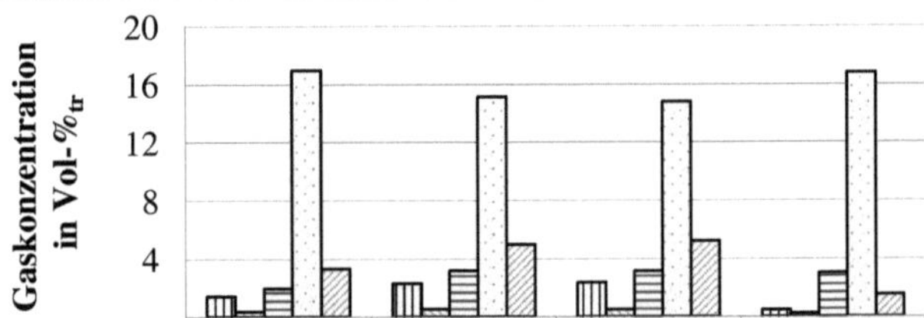

λ_{prim}	0,95	0,70	0,51	0,71 (AGR)
H2	1,4	2,3	2,4	0,5
CH4	0,4	0,6	0,5	0,2
O2	2,0	3,2	3,1	3,0
CO2	17,0	15,1	14,8	16,8
CO	3,3	5,0	5,2	1,5

Bild 5.20: Zusammensetzung und Heizwert der Produktgase (Holzhackschnitzel) bei variierender Luftzahl im Vorofen mit und ohne Abgasrezirkulation (AGR)

Ebenso wie für die Holzhackschnitzel kann die Produktgasqualität auch bei Einsatz von Weizenpellets durch die Absenkung der Luftzahl im Vorofen erhöht werden (Bild 5.21).

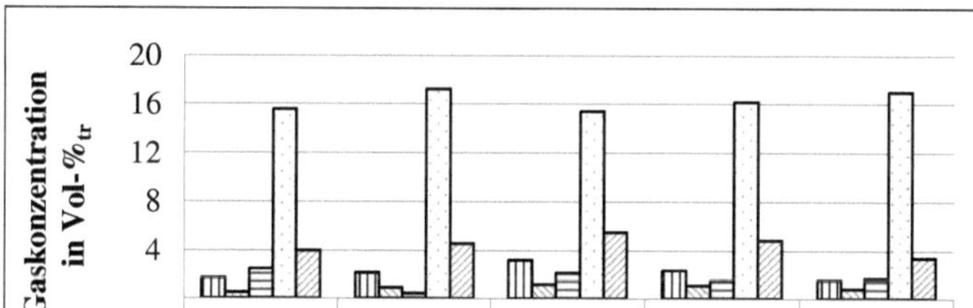

λ_{prim}	1,09	0,86	0,75	0,81 (AGR)	0,68 (AGR)
H2	1,7	2,1	3,2	2,4	1,5
CH4	0,5	0,9	1,2	1,1	0,8
O2	2,5	0,5	2,1	1,5	1,7
CO2	15,5	17,2	15,4	16,2	17,0
CO	4,0	4,5	5,5	4,8	3,4

Bild 5.21: Zusammensetzung und Heizwert der Produktgase (Weizenpellets) bei variierender Luftzahl im Vorofen mit und ohne Abgasrezirkulation (AGR)

Der Gehalt an H_2, CH_4 und CO nimmt mit sinkender Luftzahl zu und der Heizwert steigt von 0,9 $MJ/m^3_{i.N.}$ bei einer Luftzahl von 1,09 auf 1,6 $MJ/m^3_{i.N.}$ bei einer Luftzahl von 0,75. Ähnlich wie bei den Versuchen mit Holzhackschnitzeln kann durch die externe Abgasrezirkulation keine Verbesserung der Produktgasqualität erreicht werden und so liegt der Heizwert bei einer Luftzahl von 0,81 bzw. 0,68 nur bei 1,3 bzw. 1,0 $MJ/m^3_{i.N.}$.
Bei den Versuchen mit Rapskuchenpellets war der bei den beiden anderen Brennstoffen beobachtete Trend jedoch nicht so deutlich zu sehen. Obwohl der Gehalt an brennbaren Gasen und damit der Heizwert bei dem Versuch mit einer Luftzahl von 0,70 im Vergleich zu dem mit einer Luftzahl von 1,20 von 1,7 auf 1,9 $MJ/m^3_{i.N.}$ erhöht werden konnte, hat der Gehalt an brennbaren Gasen bei dem Versuch mit einer Luftzahl von 0,90 im Vergleich zu dem Versuch bei einer Luftzahl von 1,20 abgenommen und der Heizwert liegt mit 0,8 $MJ/m^3_{i.N.}$ auf einem wesentlich niedrigeren Niveau. Hier ist anzunehmen, dass lokal sehr unterschiedliche Bedingungen im Vorofen den Trend überlagern und so z. B. eine ungleichmäßige Durchströmung des Brennstoffbettes zu lokalen sauerstoffreichen Zonen im Vorofen führen könnte, die trotz geringerer mittlerer Luftzahl im Vorofen eine Teiloxidation der brennbaren Anteil im Produktgas verursacht. Wie bereits bei den Versuchen mit Holzhackschnitzeln und Weizenpellets kann eine externe Abgasrezirkulation keine Verbesserung der Produktgasqualität bewirken und der Heizwert liegt bei einer vergleichbaren Luftzahl von 0,70 nur bei 1,0 $MJ/m^3_{i.N.}$.
Weiterhin ist anzumerken, dass auch bei Luftzahlen kleiner eins bei allen Untersuchungen noch relativ hohe Sauerstoffkonzentrationen im Produktgas gemessen wurden, die bis über 3 Vol-% betragen können. Hier wird deutlich, dass es sich bei den angegebenen Luftzahlen

nur um mittlere Werte handeln kann und die lokalen Luftzahlen im Vorofen sehr stark von diesem Wert abweichen können. Es ist anzunehmen, dass auch vermehrt überstöchiometrische Bereiche im Vorofen vorhanden sind.

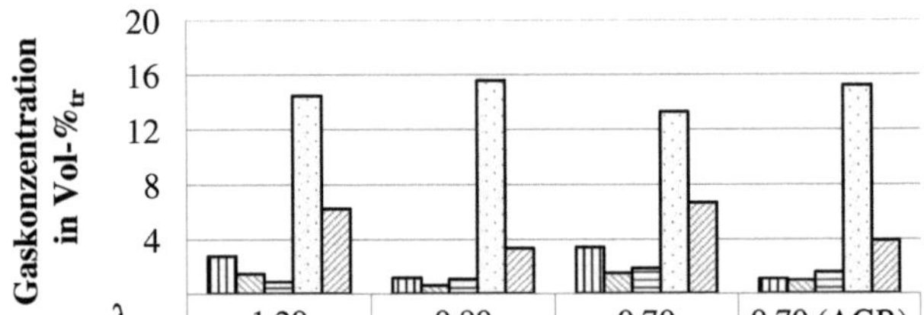

λ_{prim}	1,20	0,90	0,70	0,70 (AGR)
H2	2,8	1,2	3,4	1,1
CH4	1,5	0,6	1,5	1,0
O2	0,9	1,1	1,9	1,6
CO2	14,5	15,6	13,3	15,2
CO	6,2	3,3	6,7	3,9

Bild 5.22: Zusammensetzung und Heizwert der Produktgase (Rapskuchenpellets) bei variierender Luftzahl im Vorofen mit und ohne Abgasrezirkulation (AGR)

Neben den Hauptkomponenten H_2, CH_4, O_2, CO_2 und CO, die den Heizwert des Produktgases bestimmen, wurden bei den Versuchen mit Weizen- und Rapskuchenpellets außerdem die Gehalte an den Stickstoffverbindungen HCN, NH_3 und NO im Produktgas bestimmt, um die in den Kapitel 5.2.2.2 und 5.2.2.3 beobachteten Trends der NOx-Emissionen bei Luftstufung und Abgasrezirkulation besser beurteilen zu können. In Bild 5.23 (links) sind die Gehalte an NO, HCN und NH_3 im Produktgas bei unterschiedlichen Luftzahlen mit und ohne externer Abgasrezirkulation bei Einsatz von Weizenpellets gezeigt. Bei der Entgasung von Weizenpellets nimmt die Konzentration an HCN und NH_3 im Produktgas mit sinkender Luftzahl von 0,020 auf 0,027 mol/m^3 bzw. von 0,018 auf 0,042 mol/m^3 zu, wobei das Verhältnis von NH_3 zu HCN mit sinkender Luftzahl zunimmt. Im Gegensatz zu NH_3 und HCN sinken die NO-Konzentration im Produktgas von 0,010 auf 0,003 mol/m^3 mit abnehmender Luftzahl. Insgesamt aber steigt der Gehalt an TFN von 0,048 auf 0,073 mol/m^3 mit sinkender Luftzahl. Der Anteil von NO am gesamten TFN-Gehalt sinkt damit von 20,8 % bei einer Luftzahl von 1,23 auf 4,2 % bei einer Luftzahl von 0,84 entspricht. In Bild 5.23 (rechts) sind die bereits in Kapitel 5.2.2.2 gezeigten NOx-Emissionen der Versuche mit Weizenpellets bei den entsprechenden Luftzahl im Vorofen dargestellt. Es ist zu erkennen, dass die Zunahme von TFN im Produktgas mit steigenden NOx-Konzentrationen im Abgas einhergeht.

Bei dem Versuch mit externer Abgasrezirkulation ist ein wesentlich höherer Gehalt an TFN (0,144 mol/m^3) gemessen worden als bei den Versuchen ohne externe Abgasrezirkulation. Hierbei ist jedoch zu beachten, dass der Versuch auch bei einer wesentlich geringeren Luftzahl durchgeführt wurde und der höhere Gehalt an TFN im Produktgas auch auf die niedrigere Luftzahl zurückzuführen sein kann. Der Anteil von NO am gesamten TFN-Gehalt ist hierbei sehr gering (3,5 %) und fast vollständig auf das durch die externe Abgasrezirkulation rezirkulierte NO zurückzuführen. Trotz des höheren TFN-Gehaltes im Produktgas wurde im Abgas jedoch nur eine NOx-Konzentration von 782 mg/m^3 gemessen und liegt damit nur knapp über dem Wert von 767 mg/m^3 bei dem Versuch mit einer Luftzahl von 0,84 ohne externe Abgasrezirkulation.

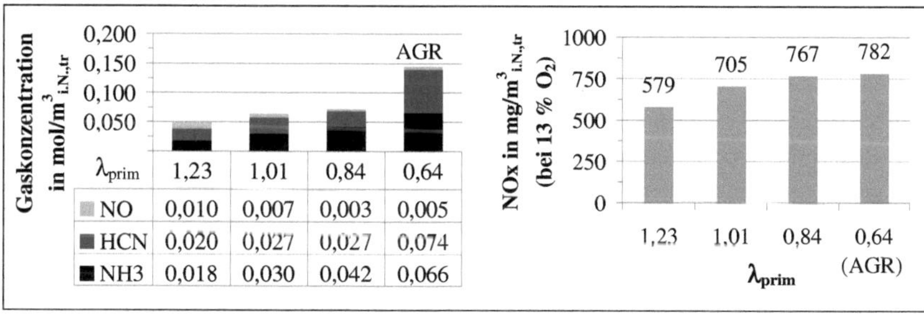

Bild 5.23: Hauptstickstoffverbindungen im Produktgas bei Einsatz von Weizenpellets (links) und NOx-Konzentration im Abgas (rechts) mit und ohne Abgasrezirkulation (AGR)

Die im Vorofen gebildeten NOx-Vorläufersubstanzen NH_3 und HCN werden im FLOX®-Brenner bei überstöchiometrischen Bedingungen zu einem großen Anteil in NO umgewandelt. Mit Zunahme an TFN im Produktgas steigen auch die NOx-Werte im Abgas. Dies erklärt auch, weshalb trotz reduzierter Luftzahlen im Vorofen bei den Versuchen mit Weizenpellets ein Anstieg der NO_X-Emissionen zu beobachten war. Trotz des höheren TFN-Gehaltes bei dem Versuch mit externer Abgasrezirkulation und niedriger Luftzahl wurde keine wesentliche Erhöhung der NOx-Konzentrationen festgestellt. Die wesentlich höhere Produktgasmenge durch das zusätzlich extern rezirkulierte Abgas führt im Vergleich zu den Versuchen ohne Abgasrezirkulation zu einem geringeren Luftüberschuss im FLOX®-Brenner und dadurch zu einem geringen Umwandlungsgrad von TFN zu NO.

Ein anderes Bild ergibt sich bei den Versuchen mit Rapskuchenpellets (Bild 5.24). Hier wird der höchste Gehalt an TFN bei der höchsten Luftzahl im Vorofen gemessen, wobei der Anteil von NH_3 bei fast 90 % liegt. Bei der Luftzahl von 0,92 wurde der geringste Gehalt an TFN gemessen. Hierbei trägt NH_3 nur zu etwa 46 % zu dem TFN-Gehalt bei, während HCN 45 % des TFN-Gehaltes ausmacht. Bei weiterer Absenkung der Luftzahl im Vorofen wurde ein TFN-Gehalt von 0,200 mol/m^3 gemessen. Bezieht man aber nicht nur die Luftzahl im Vorofen sondern auch die gemessene Produktgaszusammensetzung, wie in Bild 5.22 gezeigt, in die Betrachtungen ein, wird deutlich, dass lokale Bedingungen im Vorofen die Produktgaszusammensetzung stark beeinflussen und auch bei sinkender Luftzahl niedrigere Gasqualitäten erreicht werden können. Die im Produktgas noch hohen Sauerstoffkonzentrationen weisen auf lokale überstöchimetrische Bedingungen hin, die die Gasqualität reduzieren. So wurde z. B. bei der höchsten Luftzahl die niedrigste Sauerstoffkonzentration gemessen. Es ist anzunehmen, dass diese Unterschiede in der lokalen Stöchiometrie einen wesentlich größeren Einfluss auf den Gehalt an TFN im Produktgas haben als die mittlere Luftzahl im Vorofen. Neben den lokalen stöchiometrischen Bedingungen hat aber auch die Methankonzentration einen Einfluss auf den Gehalt an NH_3 im Produktgas, da hohe Methankonzentrationen die Reduktion von NH_3 unterdrücken können [63]. Beide Effekte (niedrige Sauerstoffkonzentration, hoher Methangehalt) könnten daher der Grund für den hohen TFN-Gehalt im Produktgas bei dem Versuch mit einer Luftzahl von 1,16 sein.

Im Vergleich zu den Versuchen mit Weizenpellets liegen die TFN-Gehalte mit 0,152 bis 0,476 mol/m^3 auf einem wesentlich höheren Niveau, was auf den höheren Stickstoffgehalt im Brennstoff zurückzuführen ist. Wie bereits bei den Versuchen mit Weizenpellets ist auch hier ein Zusammenhang der TFN-Gehalte mit den im Abgas gemessenen NOx-Konzentrationen zu erkennen. Bei den am niedrigsten gemessenen TFN-Gehalten lagen auch die NOx-Werte auf dem niedrigsten Niveau und umgekehrt. Bei Anwendung einer externen Abgasrezirkulation wurde die höchste NOx-Konzentration von 980 mg/m^3 gemessen, was ebenfalls auf den hohen TFN-Gehalt von 0,373 mol/m^3 zurückzuführen ist.

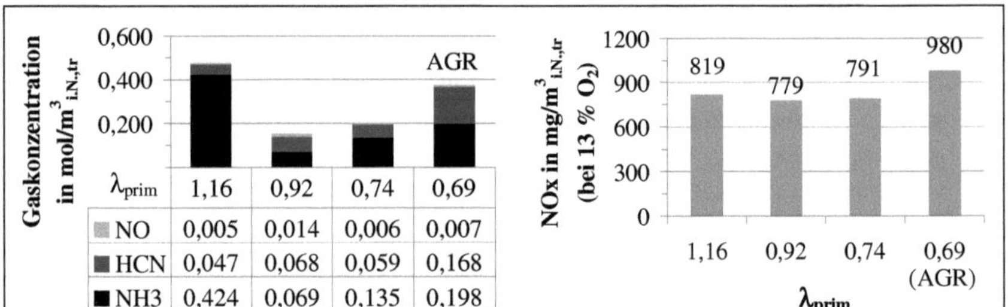

λ_{prim}	1,16	0,92	0,74	0,69
NO	0,005	0,014	0,006	0,007
HCN	0,047	0,068	0,059	0,168
NH3	0,424	0,069	0,135	0,198

Bild 5.24: Hauptstickstoffverbindungen im Produktgas bei der Entgasung von Rapskuchenpellets (links) und NOx-Konzentration im Abgas (rechts) mit und ohne Abgasrezirkulation (AGR)

5.2.3.2 Stickstoffkonversion

Wie im vorangegangenen Kapitel gezeigt, gibt es einen Zusammenhang zwischen dem TFN-Gehalt im Produktgas und der Höhe der NOx-Konzentrationen im Abgas des FLOX®-

Brenners. Jedoch wirkt sich eine Erhöhung des TFN-Gehaltes nicht gleichermaßen auf die Höhe der NOx-Emissionen aus. Wie in Bild 5.25 (links) zu sehen, sinkt die Konversionsrate von NH_3 und HCN zu NO mit steigendem Gehalt an NH_3 und HCN im Produktgas. Liegt die Konversionrate bei niedrigen TFN-Gehalten noch bei etwa 35 %, kann sie bei Gehalten von NH_3 und HCN von ca. 0,47 mol/m^3 auf 3,5 % sinken. Aus diesem Grund liegen die NOx-Konzentrationen im Abgas trotz hoher TFN-Gehalte im Produktgas noch auf einem verhältnismäßig niedrigen Niveau. Weiterhin lässt sich wie bereits im vorangegangenen Kapitel feststellen, dass die TFN-Gehalte mit zunehmendem Stickstoffgehalt im Brennstoff ansteigen. Die Konversion von Brennstoff-Stickstoff zu TFN nimmt sogar mit steigendem Brennstoff-Stickstoff zu und steigt von durchschnittlich 25,8 % bei Einsatz von Weizenpellets mit einem Stickstoffgehalt von 2 Ma-% auf durchschnittlich 35,0 % bei Verwendung von Rapskuchenpellets mit einem Stickstoffgehalt von 4,74 Ma-% bei den Versuchen ohne externe Abgasrezirkulation (Bild 5.25, Mitte). Bei externer Abgasrezirkulation wurden wesentlich höhere Konversionsraten von Brennstoff-Stickstoff zu TFN festgestellt, die bei Einsatz von Weizenpellets bei 52,6 % bzw. bei Verwendung von Rapskuchenpellets bei 60,8 % liegen. Die Gesamtkonversionsrate von Brennstoff-Stickstoff zu NO im Abgas sinkt aber mit steigendem Stickstoff-Gehalt im Brennstoff (Bild 5.25, rechts) und ist in Übereinstimmung mit anderen Arbeiten [57]. Während noch etwa durchschnittlich 10 % des Brennstoff-Stickstoffs bei Weizenpellets zu NO umgewandelt wird, sinkt die Konversion des Brennstoff-Stickstoffs bei Rapskuchenpellets um die Hälfte auf etwa 5 %. Eine Variation der Luftzahl im Vorofen hat nur einen geringen Einfluss auf die Stickstoff-Konversion. Bei Einsatz von Weizenpellets sinkt die Konversionsrate mit sinkender Luftzahl im Vorofen leicht von 10,6 auf 8,7 % ab, während bei Verwendung von Rapskuchenpellets kein Einfluss der Luftzahl auf die Konversionrate beobachtet werden konnte und die Konversionrate zwischen 4,9 und 5,1 % liegt (Anhang C, Bild C 1).

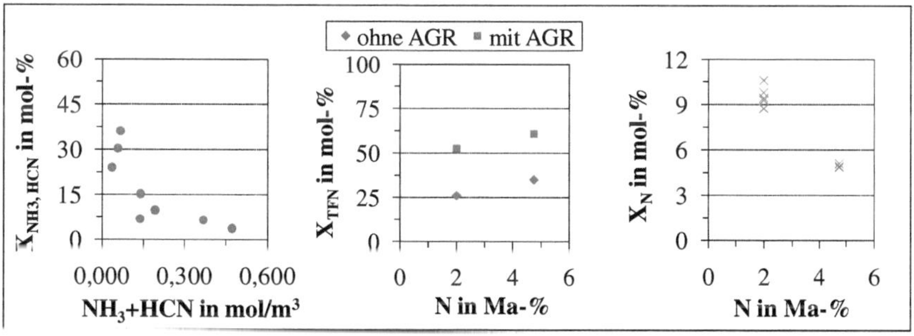

Bild 5.25: Konversionsraten in Abhängigkeit vom Stickstoffgehalt im Produktgas bzw. im Brennstoff (links: Konversion von NH_3 und HCN zu NO; Mitte: Konversion von Brennstoff-Stickstoff zu TFN; rechts: Konversion von Brennstoff-Stickstoff zu NO)

In Bild 5.26 links sind die Konversionraten von Brennstoff-Stickstoff zu TFN von den Weizenpellets- und Rapskuchenpelletsversuchen über der Luftzahl im Vorofen aufgetragen. Bei Einsatz von Weizenpellets bei Luftzahlen zwischen 0,84 bis 1,23 ist ein geringer Einfluss der Luftzahl im Vorofen auf die Konversionsrate zu sehen. Die Konversionsrate sinkt mit steigender Luftzahl nur leicht von 27,7 auf 22,9 %. Nur etwa ein Viertel des Brennstoff-Stickstoffs wird zu TFN umgewandelt, der später im FLOX®-Brenner zu NO umgewandelt werden kann. Bei den Versuchen mit Rapskuchenpellets wird bei den Luftzahlen von 0,74 und 0,92 ein etwas höherer Anteil von 31,2 bis 38,9 % des Brennstoff-Stickstoffs in TFN umgewandelt. Bei den Versuchen mit externer Abgasrezirkulation wurden hohe Konversionsraten von 52,6 % bei Weizenpellets bzw. 60,8 % bei Rapskuchenpellets verzeichnet. Schaut man auf die Konversionsraten der NOx-Vorläuferverbindungen NH_3 und HCN zu NO für die gleichen Versuche, zeigt sich aber, dass nur ein Teil der NOx-Vorläufersubstanzen zu NO umgewandelt werden (Bild 5.26, rechts). Die Konversionsraten bei den Versuchen mit Weizenpellets nehmen mit steigender Luftzahl von 36,2 auf 24,0 % ab. Etwa ein Viertel bis ein Drittel des NH_3- und HCN-Gehaltes im Produktgas wird im FLOX®-Brenner zu NO umgewandelt. Die Konversionraten bei den Versuchen mit Rapskuchenpellets liegen auf einem niedrigeren Niveau und sinken von 9,8 auf 3,5 %. Bei den Versuchen mit externer Abgasrezirkulation wurden ebenfalls sehr niedrige Konversionsraten berechnet, die bei dem Versuch mit Weizenpellets bei 15,2 % und bei dem Versuch mit Rapskuchenpellets bei 6,6 % lag.

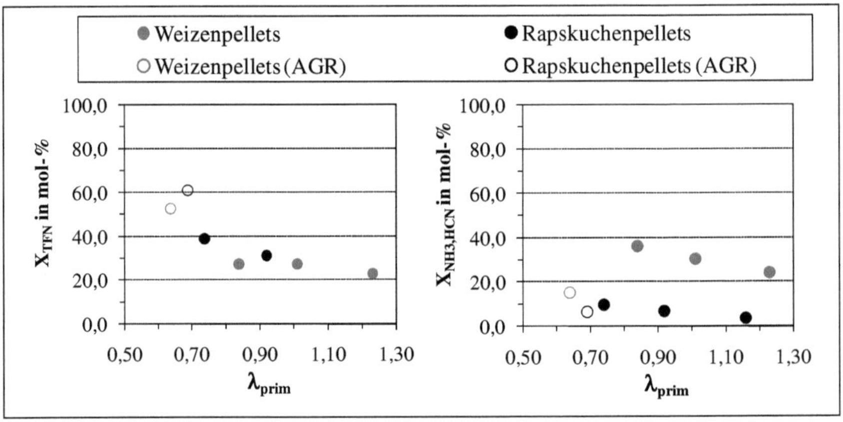

Bild 5.26: Konversionsraten von Brennstoff-Stickstoff zu TFN (links) und von NH_3 und HCN zu NO (rechts) in Abhängigkeit von der Luftzahl im Vorofen bei der Verbrennung von Weizenpellets und Rapskuchenpellets mit und ohne Abgasrezirkulation (AGR)

Eine Erhöhung der Luftzahl im Vorofen geht einher mit einer Absenkung der dem FLOX®-Brenner zugeführten Sekundärluftmenge. Mit reduzierter Sekundärluftmenge bei etwa ähnlicher Produktgasqualität sinkt auch die Luftzahl im Brenner. Die Absenkung der Luftzahl wirkt sich positiv auf die Konversionrate der Vorläufersubstanzen NH_3 und HCN zu NO aus. Trotz hoher Gehalte an NH_3 und HCN im Produktgas müssen diese nicht unweigerlich zu entsprechend hohen NOx-Emissionen führen.

5.2.4 Schlussfolgerungen

Auch mit dem zweiten FLOX®-Brenner-Prototyp ohne Verjüngung am Brenneraustritt kann ein stabilerer Verbrennungsprozess der untersuchten Brennstoffe in der Vorofenfeuerung erreicht werden. Der Brenner kann die Schwankungen in der Entgasungsgasmenge und -qualität gut kompensieren und ein Betrieb bei niedrigen CO-Emissionen ist über einen weiten Luftzahlbereich möglich. Die Versuche bestätigen somit die Schlussfolgerungen aus den CFD-Simulationsergebnissen. Die Möglichkeit Rapskuchen in Form von Pellets in der Vorofenfeuerung mit integriertem FLOX®-Brenner zu verbrennen, konnte genauso gezeigt werden, wie auch der Einsatz von Weizenpellets, denen 2 Ma-% Kalk zugegeben wurde, um das Ascheaufschmelzen zu vermeiden. Die NOx-Konzentrationen liegen aber für die stickstoffreichen Brennstoffe Weizenpellets und Rapskuchenpellets auf einem hohen Niveau. Eine stärkere Luftstufung in der Vorofenfeuerung bewirkt nur im Fall von Holzhackschnitzeln eine signifikante Reduktion der NOx-Emissionen. Im Fall von Rapskuchenpellets ist die Minderung der NOx-Emisisonen durch stärkere Luftstufung sehr gering und bei Einsatz von Weizenpellets ist sogar eine Erhöhung der NOx-Konzentrationen mit Absenkung der Luftzahl im Vorofen zu beobachten.

Eine externe Abgasrezirkulation zur Verbesserung der Entgasungsbedingungen im Vorofen und damit einer Absenkung der NOx-Emissionen war von geringem Erfolg. Es konnte zwar ein Einfluss der Rezirkulationsrate und der spezifischen Primärgasmenge auf die NOx-Konzentrationen bei Einsatz von Weizenpellets und Rapskuchenpellets gezeigt werden, aber im Vergleich zu den Versuchen ohne externe Abgasgrezirkulation konnte keine Reduktion der NOx-Emissionen nachgewiesen werden. Auch die Analyse der Produktgase hinsichtlich ihres Gehaltes an brennbaren Anteilen zeigt deutlich, dass durch die externe Abgasrezirkulation keine Verbesserung der Produktgasqualität erreicht werden konnte und der Heizwert sogar noch geringer ist als bei vergleichbaren Versuchen ohne externe Abgasrezirkulation.

Durch die Bestimmung der TFN-Gehalte im Produktgas konnte das zunächst überraschende Verhalten von steigenden NOx-Emissionen bei stärkerer Luftstufung bei stickstoffreichen Brennstoffen geklärt werden. Der Gehalt an TFN im Produktgas bestimmt maßgeblich die Höhe der NOx-Emissionen im Abgas des FLOX®-Brenners. Auch wenn die NOx-Emissionen mit steigendem Gehalt an TFN im Produktgas ansteigen, sinkt die Konversionsrate der NOx-Vorläufersubstanzen zu NO mit steigendem Gehalt an NH_3 und HCN im Produktgas. Der Stickstoffgehalt im Brennstoff bestimmt erwartungsgemäß den Gehalt an TFN im Produktgas und bei den Produktgasen aus Rapskuchenpellets wurden entsprechend höhere TFN-Gehalte gemessen als bei den Produktgasen aus Weizenpellets. Weiterhin haben auch die Entgasungsbedingungen im Vorofen einen großen Einfluss auf die Freisetzung der flüchtigen Stickstoffverbindungen. Produktgase aus Versuchen mit externer Abgasrezirkulation weisen einen wesentlich höheren Gehalt an TFN auf als die Produktgase aus Versuchen ohne externe Abgasrezirkulation. Die Variation der Luftzahl im Vorofen hat einen wesentlich geringeren Einfluss auf die Konversion von Brennstoff-Stickstoff zu TFN. Die Umsetzung der im Vorofen gebildeten NOx-Vorläufersubstanzen im Brenner hängt wiederum von dem Gehalt an TFN sowie von den stöchiometrischen Bedingungen im Brenner selbst ab. Mit zunehmendem Gehalt an NOx-Vorläufersubstanzen steigen zwar die NOx-Emissionen, aber die Konversionrate von TFN zu NO sinkt. Eine Absenkung der Luftzahl im Brenner führt ebenfalls zu einer Reduktion der Konversion von NOx-Vorläufersubstanzen zu NO. Führte die externe Abgasrezirkulation noch zu einer erhöhten Freisetzung von flüchtigen Stickstoffverbindungen im Vorofen, bewirkt die hohe Produktgasmenge aufgrund des rezirkulierten Abgases im Brenner eine Absenkung der Luftzahl und damit vergleichsweise niedrige Konversionsraten von NH_3 und HCN zu NO. Die NOx-Emissionen liegen daher trotz höherer TFN-Gehalte auf einem ähnlichen Niveau wie die der Versuche ohne externe Abgasrezirkulation. Für die weitere Reduktion der NOx-Emissionen bei Einsatz von stickstoffreichen Brennstoffen ist also einerseits der Fokus auf die Minderung der Konversion von Brennstoff-Stickstoff zu TFN im Vorofen und andererseits auf die Absenkung der Konversion von TFN zu NO im Brenner zu legen.

5.3 Vergleich der Emissionen aus der Vorofenfeuerung mit und ohne integrierten FLOX®-Brenner-Prototypen

Im Folgenden soll anhand der Versuchsergebnisse bewertet werden, inwieweit es durch die Integration der FLOX®-Brenner-Prototypen in die Vorofenfeuerung zu einer Reduktion der Emissionen bei Einsatz verschiedener Biomassen kommt.

Holzhackschnitzel

Zur Charakterisierung des Betriebsfensters der jeweiligen Brenner-Prototypen wurde die Sekundärluftmenge bei konstanter Luftzahl im Vorofen über einen weiten Bereich variiert, wodurch Restsauerstoffgehalte zwischen 2 bis 14 Vol-% erreicht wurden. In Bild 5.27 sind die CO- und NOx-Emissionen (angegeben als NO_2) bei der Verbrennung von Holzhackschnitzeln in der Vorofenfeuerung mit und ohne integrierten FLOX®-Brenner-Prototypen über den Restsauerstoffgehalt im Abgas dargestellt. Bei der Verbrennung von Holzhackschnitzeln in der konventionellen Vorofenfeuerung (ohne integrierten FLOX®-Brenner) schwanken die CO-Emissionen in einem weiten Bereich und liegen zwischen 100 und 350 mg/m^3 bei Restsauerstoffgehalten zwischen 7 und 14 Vol-%. Sinkt der Restsauerstoffgehalt auf kleiner 7 Vol-% steigen die CO-Emissionen aufgrund unzureichend zur Verfügung stehenden Sauerstoffs deutlich an. Die NOx-Emissionen liegen für den betrachteten Bereich zwischen 150 und 220 mg/m³. Durch Integration des ersten und zweiten FLOX®-Brenner-Prototyps in die Vorofenfeuerung können die CO-Emissionen deutlich abgesenkt werden. Außerdem haben sich die Schwankungen in den CO- und NOx-Emissionen stark reduziert. Für den ersten FLOX®-Brenner-Prototyp liegen die CO-Emissionen im Bereich von 20 bis 370 mg/m³ in Abhängigkeit von der Restsauerstoffkonzentration im Abgas. Im Bereich von 4 bis 8 Vol-% O_2 im Abgas liegt die CO-Konzentration bei durchschnittlich etwa 40 mg/m³. Steigt die Luftzahl im Brenner und damit der Restsauerstoffgehalt im Abgas steigen auch die CO-Emissionen. Bereits bei Restsauerstoffgehalten größer 8 Vol-% steigen die CO-Konzentrationen an und liegen bei 9 Vol-% O_2 bei 100 mg/m³. Durch die bei höherer Luftzahl ansteigende Luftmenge wird die Temperatur im Brenner abgesenkt und der Ausbrand des Produktgases verschlechtert sich. Gleichfalls steigen die CO-Emissionen, wenn die Luftzahl im Brenner und damit die Restsauerstoffkonzentration im Abgas abgesenkt wird, da dann die zur Verfügung stehende Sauerstoffmenge für eine vollständige Umsetzung des Produktgases nicht ausreicht. Bei Restsauerstoffgehalten kleiner 4 Vol-% steigen die CO-Emissionen drastisch an. Ein ähnliches Verhalten der CO-Emissionen mit der Luftzahl ist für den zweiten FLOX®-Brenner-Prototyp zu beobachten. Die CO-Emissionen liegen unter 10 mg/m³ bei Restsauerstoffgehalten von 4,5 bis 6,5 Vol-%. Die Grenzen für den Betrieb des Brenners sind ähnlich zu denen des ersten FLOX®-Brenner-Prototyps. Auch hier steigen die CO-Emissionen, wenn der Restsauerstoffgehalt auf unter 4 Vol-% fällt bzw. über 8 Vol-% ansteigt.

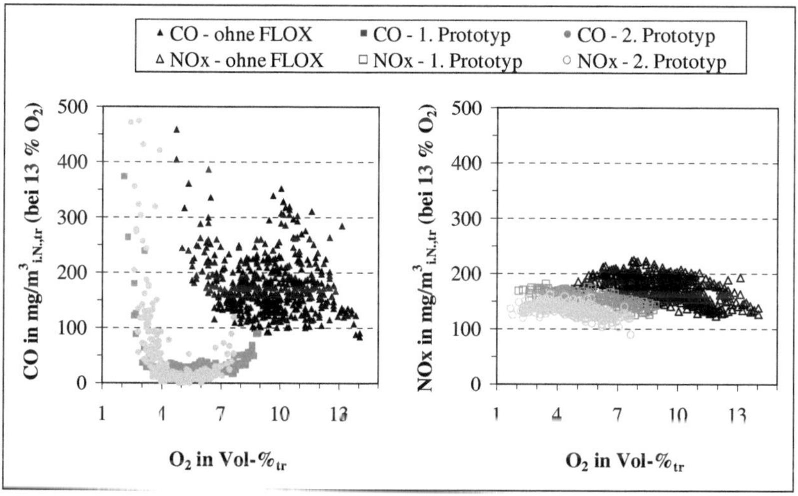

Bild 5.27: Betriebsfenster der Vorofenfeuerung mit und ohne integrierte FLOX®-Brenner-Prototypen bei der Verbrennung von Holzhackschnitzeln (Variation der Sekundärluftmenge bei konstanter Luftzahl im Vorofen)

Die NOx-Emissionen liegen für den ersten FLOX®-Brenner-Prototyp zwischen 130 und 180 mg/m³ bzw. für den zweiten FLOX®-Brenner-Prototyp zwischen 100 und 150 mg/m³. Im Vergleich zu den Ergebnissen der konventionellen Vorofenfeuerung können die CO-Emissionen folglich von durchschnittlich 180 mg/m³ auf kleiner 10 mg/m³ durch Integration eines FLOX®-Brenners abgesenkt werden.
Gleichzeitig werden die NOx-Emissionen von durchschnittlich 170 mg/m³ (konventionelle Vorofenfeuerung) auf 135 mg/m³ (mit 2. FLOX®-Brenner-Prototyp) reduziert. Neben den geringeren CO- und NOx-Emissionen bei Versuchen mit integriertem FLOX®-Brenner-Prototyp kann die Vorofenfeuerung außerdem bei wesentlich geringeren Luftzahlen betrieben werden, als dies in der konventionellen Vorofenfeuerung ohne FLOX®-Brenner möglich ist.

Sowohl an der Vorofenfeuerung ohne FLOX®-Brenner als auch an der mit den integrierten FLOX®-Brenner-Prototypen wurden Luftstufungsversuchen durchgeführt, bei denen die Luftzahl im Vorofen variiert wurde, um das NOx-Reduktionspotential der Vorofenfeuerung zu untersuchen. In Bild 5.28 sind die CO- und NOx-Emissionen (angegeben als NO_2) aus den Luftstufungsversuchen mit Holzhackschnitzeln in der konventionellen Vorofenfeuerung sowie in der Vorofenfeuerung mit integriertem ersten und zweiten FLOX®-Brenner-Prototyp zusammengefasst.

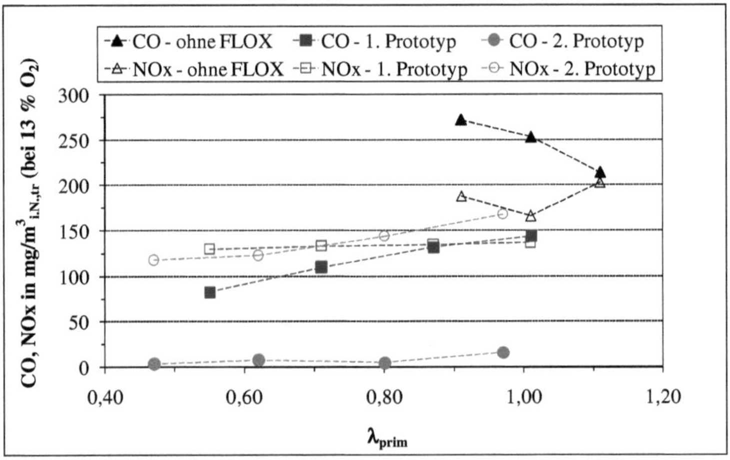

Bild 5.28: Einfluss der Luftstufung auf die Verbrennung von Holzhackschnitzeln mit und ohne integrierte FLOX®-Brenner-Prototypen (Variation der Luftzahl im Vorofen bei konstanter Gesamtluftzahl)

Ein Einfluss der Luftstufung auf die NOx-Emissionen bei der Verbrennung von Holzhackschnitzeln konnte für die Versuche ohne FLOX®-Brenner und mit dem ersten FLOX®-Brenner-Prototyp nicht nachgewiesen werden. Für die Versuche mit dem 2. FLOX®-Brenner-Prototyp konnte dagegen durch Absenkung der Luftzahl im Vorofen eine Reduktion der NOx-Konzentration von 168 auf 118 mg/m³ erreicht werden. Hier soll auch nochmals bemerkt werden, dass nur mit bei den Versuchen mit integriertem FLOX®-Brenner-Prototyp eine tiefe Luftstufung in der Vorofenfeuerung realisiert werden konnte. Bei einer stärkeren Luftstufung an der konventionellen Vorofenfeuerung kommt es dagegen zu erhöhten CO-Emissionen, die durch eine Flammenstreckung aufgrund des steigenden Anteils an Sekundärluft verursacht werden, die schließlich zu einer Flammenquenchung an der gekühlten Brennkammerwand führt. Im Gegensatz dazu sinken bei einer stärkeren Lufstufung an der Anlage mit integrierten FLOX®-Brenner-Prototypen die CO-Emissionen.

Weizenspelzen

In Bild 5.29 sind die Betriebsfenster der Vorofenfeuerung mit und ohne integrierten ersten FLOX®-Brenner-Prototyp bei der Verbrennung von Weizenspelzen dargestellt. Durch Variation der Sekundärluftmenge wurden Restsauerstoffgehalte im Abgas zwischen 1 und 12 Vol-% erreicht. Die CO-Emissionen bei den Versuchen ohne FLOX®-Brenner schwanken stark und liegen für Restsauerstoffgehalte zwischen 5 und 11,5 Vol-% in einem weiten Bereich von 50 bis 400 mg/m³.

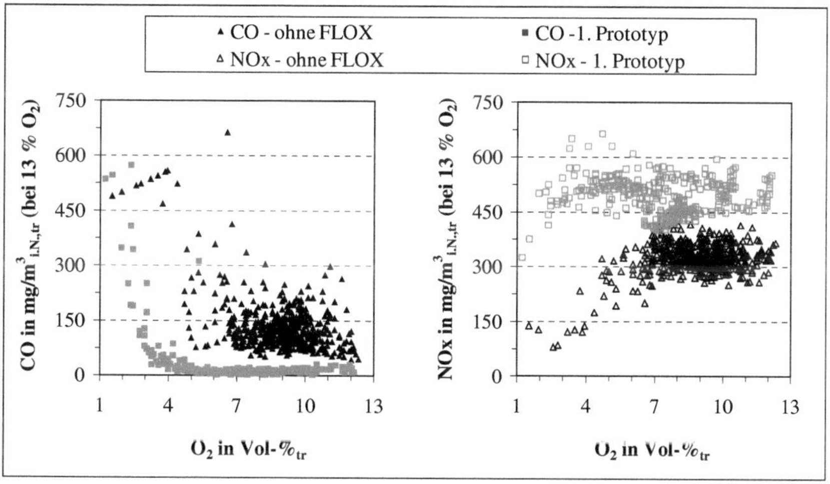

Bild 5.29. Betriebsfenster der Vorofenfeuerung mit und ohne integrierten ersten FLOX®-Brenner-Prototyp bei der Verbrennung von Weizenspelzen (Variation der Sekundärluftmenge bei konstanter Luftzahl im Vorofen)

Bei Restsauerstoffgehalten von kleiner 5 Vol-% steigen die CO-Konzentrationen aufgrund der reduzierten Sauerstoffverfügbarkeit stark an.
Durch Integration des ersten FLOX®-Brenner-Prototyps in die Vorofenfeuerung können die Höhe wie auch die Schwankungen der CO-Emissionen deutlich reduziert werden. Die CO-Konzentrationen liegen bei Restsauerstoffgehalten zwischen 5 und 12 Vol-% bei nur etwa 20 mg/m³. Erst bei Restsauerstoffgehalten kleiner 3 bis 4 Vol-% steigen die CO-Konzentrationen allmählich an und werden bei weiterer Absenkung der Luftzahl drastisch erhöht. Ein Ansteigen der CO-Emissionen bei hohen Restsauerstoffgehalten (bis zu 12 Vol-%) konnte weder für die Versuche ohne noch mit integriertem ersten FLOX®-Brenner-Prototyp beobachtet werden.
Hinsichtlich der NOx-Emissionen muss jedoch festgestellt werden, dass durch die Integration des FLOX®-Brenner-Prototyps keine Verbesserung erreicht werden konnte. Im Vergleich zu den Ergebnissen ohne integrierten FLOX®-Brenner liegen die NOx-Konzentrationen sogar auf einem wesentlich höheren Niveau, was teilweise auf den besseren Ausbrand zurückzuführen ist. Der Zusammenhang zwischen CO- und NOx-Konzentrationen ist bei den Versuchen mit der konventionellen Vorofenfeuerung deutlich zu erkennen. Sinkt der Restsauerstoffgehalt auf kleiner 5 Vol-% steigen die CO-Werte auf bis zu 600 mg/m³ an und gleichzeitig sinken die NOx-Konzentrationen auf Werte kleiner 100 mg/m³ ab.

In Bild 5.30 sind die Ergebnisse der Luftstufungsversuche mit Weizenspelzen in der Vorofenfeuerung mit und ohne integrierten ersten FLOX®-Brenner-Prototyp zusammengefasst.

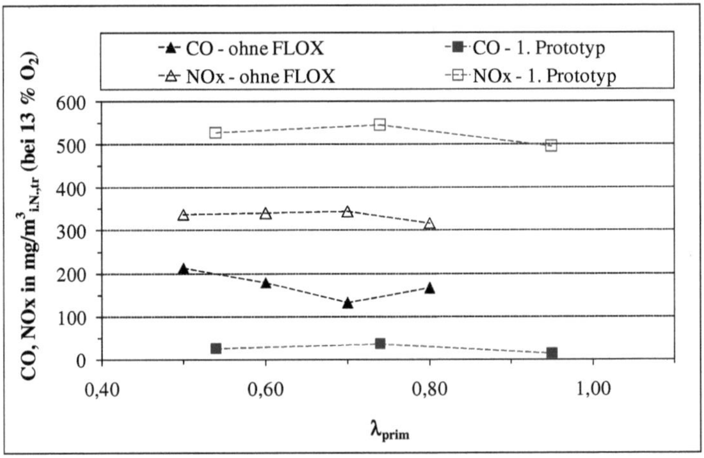

Bild 5.30: Einfluss der Luftstufung auf die Verbrennung von Weizenspelzen mit und ohne integrierten ersten FLOX®-Brenner-Prototyp (Variation der Luftzahl im Vorofen bei konstanter Gesamtluftzahl)

Eine Reduktion der NOx-Emissionen durch eine stärkere Luftstufung kann für beide Versuchsreihen nicht nachgewiesen werden. Das Ansteigen der CO-Konzentrationen bei sinkender Luftzahl im Vorofen der konventionellen Vorofenfeuerung ist auch für die Versuche mit Weizenspelzen zu beobachten, wenn auch in geringerer Ausprägung als für die Versuche mit Holzhackschnitzeln. Auch hier ist der CO-Anstieg auf das Anschlagen der Flamme an der gekühlten Brennkammerrückwand zurückzuführen.

Rapskuchenpellets

Für Rapskuchenpellets ist ein Vergleich der Betriebsfenster nur für den ersten und zweiten FLOX®-Brenner-Prototyp möglich, da die Versuche in der konventionellen Vorofenfeuerung nicht mit Rapskuchen in Pelletform durchgeführt wurden. Eine Gegenüberstellung der Betriebsfenster für den ersten und zweiten FLOX®-Brenner-Prototyp ist in Bild 5.31 zu finden.

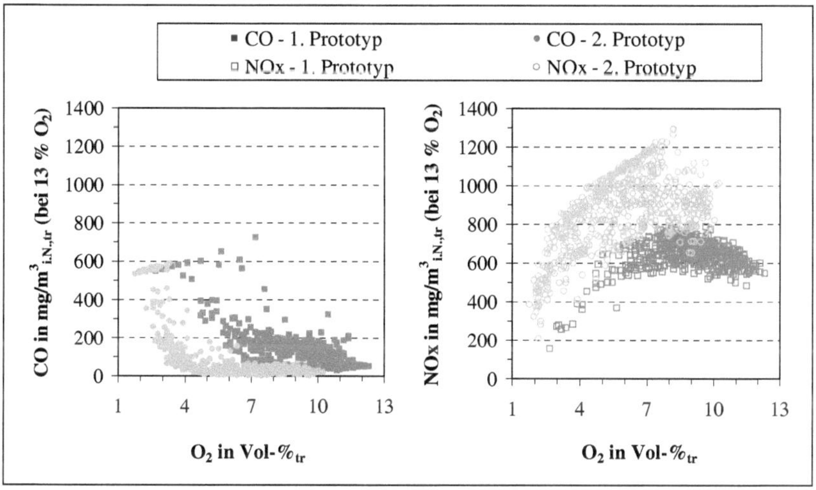

Bild 5.31: Betriebsfenster der Vorofenfeuerung mit integrierten FLOX®-Brenner-Prototypen bei der Verbrennung von Rapskuchenpellets (Variation der Sekundärluftmenge bei konstanter Luftzahl im Vorofen)

Während keine stabile Verbrennung von Rapskuchen in der konventionellen Vorofenfeuerung erreicht werden konnte, war durch Einsatz des Rapskuchens in Pelletform eine Verbrennung in der Vorofenfeuerung mit integrierten FLOX®-Brenner-Prototypen möglich. Eine weitere Verbesserung des Verbrennungsverhaltens hinsichtlich der CO-Emissionen konnte bei den Versuchen mit dem zweiten FLOX®-Brenner-Prototyp erreicht werden. Liegen die CO-Emissionen bei den Versuchen mit dem ersten FLOX®-Brenner-Prototyp bei Restsauerstoffgehalten von 7 bis 11 Vol-% noch zwischen 60 und 200 mg/m³, konnten sie bei Versuchen mit dem zweiten FLOX®-Brenner-Prototyp auf durchschnittlich 20 bis 30 mg/m³ (Rest-O_2 > 5 Vol-%) reduziert werden. Weiterhin kann der zweite FLOX®-Brenner-Prototyp bei kleineren Luftzahlen betrieben werden und die CO-Konzentrationen steigen erst bei Restsauerstoffgehalten von kleiner 3 bis 4 Vol-% im Abgas merklich an. Dageben ist ein Betrieb des ersten FLOX®-Brenner-Prototyps nur bis zu einem minimalen Restsauerstoffgehalt von 6 bis 7 Vol-% möglich, bevor die CO-Emissionen ansteigen. Jedoch liegen die NOx-Emissionen bei den Versuchen mit dem zweiten FLOX®-Brenner-Prototyp auf einem höheren Niveau als bei denen mit dem ersten FLOX®-Brenner-Prototyp.

Bei den Luftstufungsversuchen mit den beiden FLOX®-Brenner-Prototypen ist eine leichte Reduktion der NOx-Konzentrationen mit sinkender Luftzahl im Vorofen zu beobachten (Bild 5.32). Aber auch hier bringt eine stärkere Luftstufung weniger Erfolg hinsichtlich der NOx-Reduktion als ursprünglich erwartet.

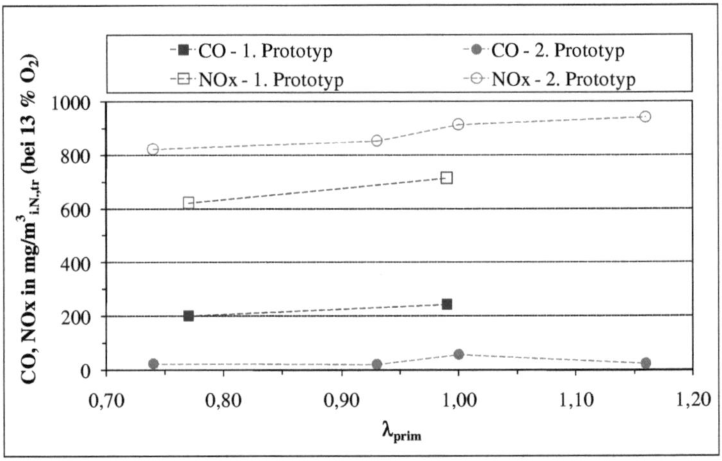

Bild 5.32: Einfluss der Luftstufung auf die Verbrennung von Rapskuchenpellets mit integrierten FLOX®-Brenner-Prototypen (Variation der Luftzahl im Vorofen bei konstanter Gesamtluftzahl)

6 Zusammenfassung und Ausblick

Die in der vorliegenden Arbeit eingesetzte Vorofenfeuerung mit einer Feuerungswärmeleistung von 116 kW ist für den Einsatz naturbelassener Hackschnitzel gut geeignet. Die Nutzung von nicht-holzartigen biogenen Reststoffen, wie die hier untersuchten Weizenspelzen und Rapskuchen, ist dagegen nur bedingt möglich. Sowohl die Art der Brennstoffbereitstellung (geringe Partikelgröße) als auch die Brennstoffinhaltstoffe (Stickstoff und ascheerweichende Elemente) führen im Anlagenbetrieb zu Betriebsproblemen, wie ungleichmäßige Entgasung im Vorofen und Ascheanbackungen auf dem Rost, sowie zu erhöhten NOx-Emissionen. Diese Probleme können jedoch teilweise durch eine entsprechende Brennstoffaufbereitung bzw. -vorbehandlung minimiert werden. Eine für die Vorofenfeuerung geeignete Partikelgröße des Brennstoffs kann z. B. durch Pelletierung des Brennstoffs erreicht werden oder es werden dem Brennstoff zusätzlich Stoffe (z. B. Kalk) beigemischt, die die Ascheschmelztemperatur erhöhen können. Eine Reduktion der NOx-Emissionen durch die Realisierung einer stärkeren Luftstufung ist an der untersuchten Anlage nicht möglich, da eine Absenkung der Luftzahl im Vorofen und der gleichzeitigen Erhöhung der Sekundärluftmenge ein Anschlagen der Flamme an die gekühlten Rückwände des Kessels bewirkt. Diese frühzeitige Flammenquenchung führt im Betrieb zu unerwünscht hohen Emissionen an Kohlenmonoxid. Für alle untersuchten Brennstoffe wurden zudem trotz konstanter Betriebsbedingungen große Schwankungen in der Abgaszusammensetzung beobachtet, die auf stark wechselnde Entgasungsbedingungen im Vorofen zurückzuführen sind. Aufgrund der relativ kleinen Anlagengröße ist eine gleichmäßige Brennstoffbeaufschlagung des Rostes nur unzureichend gegeben und das unregelmäßige Nachschieben von neuem Brennstoff auf den Rost schlägt sich in entsprechenden Schwankungen der Abgaszusammensetzung nieder. Im kommerziellen Anlagenbetrieb kann dies aber durch eine gleichmäßigere Brennstoffzufuhr und gegebenenfalls durch eine entsprechende Sekundärluftregelung ausgeglichen werden.

In den Untersuchungen mit einem speziell für die Vorofenfeuerung ausgelegten ersten FLOX®-Brenner-Prototyp, der die ursprüngliche Ausbrandstufe in der Feuerung ersetzt, konnte gezeigt werden, dass der Brenner die Schwankungen in der Entgasungsgasqualität auch ohne Nachregelung der Sekundärluft gut kompensieren kann. Weiterhin kann an der Anlage eine stärkere Luftstufung realisiert werden, da es aufgrund der kompakten Brennkammer des FLOX®-Brenners zu keinem Anschlagen der Flamme an der kalten Kesselwand kommt. Trotz stärkerer Luftstufung ist keine Reduktion der NOx-Emissionen für die untersuchten Brennstoffe erzielt worden.

Die Ergebnisse von mit AIOLOS durchgeführten CFD-Simulationen des FLOX®-Brenner-Prototyps wurden genutzt, um Vereinfachungen am Brennerdesign zu identifizieren, die später auch experimentell bestätigt wurden. Weiterhin konnten mit Hilfe der CFD-Simulationen wichtige Designkriterien erkannt sowie das Vorhandensein einer für den FLOX®-Betrieb notwendigen ausgeprägten Rezirkulationszone in der Brennkammer auch im Teillastbetrieb gezeigt werden.

Ferner wurden weitere Verbrennungsversuche an der Vorofenfeuerung mit dem zweiten FLOX®-Brenner-Prototyp (vereinfachtes Design) unter Einsatz des Referenzbrennstoffs Holzhackschnitzel sowie den nicht-holzartigen Brennstoffen Rapskuchenpellets und Weizenpellets durchgeführt. Durch Pelletierung der biogenen Reststoffe sowie durch Zugabe von Kalk zu den Weizenpellets kann ein störungsfreier Betrieb bei diesen Versuchen gewährleistet werden. Wie bereits bei den Versuchen mit dem ersten FLOX®-Brenner-Prototyp ist eine stärkere Luftstufung in der Vorofenfeuerung möglich, die sich aber nur im Fall von Holzhackschnitzeln auf das Niveau der NOx-Emissionen positiv auswirkt.

In Tabelle 6.1 sind die unter optimalen Betriebsbedingungen erreichten mittleren CO- und NOx-Emissionen sowie die untere Betriebsgrenze der Vorofenfeuerung, sowohl mit Flammenausbrand als auch mit integrierten FLOX®-Brenner, bei Einsatz der verschiedenen biogenen Reststoffe zusammengefasst.

Tabelle 6.1 Übersicht der CO- und NOx-Emissionen bei der Umwandlung biogener Reststoffe in der Vorofenfeuerung ohne und mit integriertem FLOX®-Brenner unter optimalen Betriebsbedingungen

	Emissionen in mg/m³ (bei 13 % O_2)				**O_2-Gehalt im Abgas in Vol-%**	
	CO		**NOx**		**(untere Grenze)**	
Brennstoff	**Flamme**	**FLOX**	**Flamme**	**FLOX**	**Flamme**	**FLOX**
Holzhackschnitzel	~ 200	< 30	~ 200	100 – 150	7	3
Rapskuchenpellets	k. B.	< 30	k. B.	800 – 950	k. B.	3 – 4
Weizenspelzen *	100 - 200	< 30	350	500 – 600	7	3 – 4
Weizenpellets	n. u.	< 30	n. u.	600 – 800	n. u.	4

* - Verschlackungsprobleme auf dem Rost; k. B. - kein stabiler Betrieb möglich; n. u. - nicht untersucht

Für den Einsatz von Holzhackschnitzeln ergeben sich sowohl hinsichtlich der CO- und NOx-Emissionen als auch hinsichtlich des Betriebs bei kleineren Luftüberschüssen Vorteile bei Einsatz eines FLOX®-Brenners in der Vorofenfeuerung. Bei der Verbrennung von Weizenspelzen können zwar durch Einsatz des FLOX®-Brenners die CO-Emissionen reduziert werden, aber die NOx-Emissionen liegen weiter auf einem hohen Niveau. Ähnliche Ergebnisse sind auch für den Einsatz von Rapskuchenpellets und Weizenpellets zu erwarten, auch wenn hier keine Versuche mit diesen Biomassen an der konventionellen Vorofenfeuerung durchgeführt wurden. Dennoch kann davon ausgegangen werden, dass durch Anwendung des FLOX®-Brenners die CO-Emissionen auf ein sehr niedriges Niveau reduziert werden können. Hinsichtlich der NOx-Emissionen ist aber bei den stickstoffreichen Reststoffen keine Minderung durch Integration des FLOX®-Brenners zu erwarten, wie dies bereits für den Ein-

satz von Weizenspelzen gezeigt wurde. Der Betrieb der Vorofenfeuerung bei geringen Luftüberschüssen ist für alle Reststoffe nach Integration eines FLOX®-Brenner möglich.
Die Charakterisierung der im Vorofen entstehenden Entgasungsgase der verschiedenen biogenen Reststoffe hinsichtlich ihrer Zusammensetzung zeigen, dass die Entgasungsgase einen sehr niedrigen Heizwert ($Hu < 2{,}0\ MJ/m^3_{i.N.}$) aufweisen und trotz unterstöchiometrischer Luftzugabe im Vorofen noch relativ hohe Mengen an Sauerstoff im Entgasungsgas zu finden sind. Trotz externer Rückführung eines Teilstroms des Abgases in den Vorofen mit dem Ziel, bessere Entgasungsbedingungen im Vorofen zu schaffen, indem dem Vorofen eine höhere Gasmenge bei gleichzeitig geringem Sauerstoffangebot zugeführt wurde, konnte keine Verbesserung der Entgasungsgasqualität oder eine Reduktion der NOx-Emissionen erreicht werden.
Zur weiteren Charakterisierung der Entgasungsgase der stickstoffreichen Reststoffe und zum besseren Verständnis der NOx-Bildung wurden außerdem die Gehalte an den Stickoxidvorläufern Ammoniak (NH_3) und Cyanwasserstoff (HCN) sowie der Gehalt an bereits gebildeten Stickstoffmonoxid (NO), zusammengefasst als „Total-Fuel-Nitrogen" (TFN), im Entgasungsgas bestimmt. Ein hoher Stickstoffgehalt im Brennstoff führt zu einem hohen Gehalt an TFN im Entgasungsgas. Verstärkt wird die Umsetzung von Brennstoff-Stickstoff zu TFN noch durch Anwendung einer externen Abgasrezirkulation in den Vorofen. Die Luftzahl im Vorofen scheint dagegen keinen großen Einfluss auf die Freisetzung von TFN aus dem Brennstoff-Stickstoff zu haben.
Die Höhe der NOx-Emissionen bei der Verbrennung des Entgasungsgases im FLOX®-Brenner wird maßgeblich durch den Gehalt an TFN im Entgasungsgas bestimmt und mit steigendem Gehalt an TFN nehmen die NOx-Konzentrationen im Abgas zu. Jedoch sinkt die Konversion der Stickoxidvorläufer zu NO mit steigendem Gehalt an NH_3 und HCN im Entgasungsgas. Dies erklärt auch, weswegen trotz der hohen TFN-Gehalte im Entgasungsgas bei den Versuchen mit externer Abgasrezirkulation ähnlich hohe NOx-Konzentrationen im Abgas gemessen wurden wie bei den Versuchen ohne externe Abgasrezirkulation. Eine Absenkung der Luftzahl im Brenner wirkt sich positiv auf die Umwandlung von TFN zu NO aus und die Konversionsrate sinkt.
Die Ergebnisse zeigen, dass die bisherige räumliche Aufteilung der Vorofenfeuerung in Entgasungs- und Oxidationszone für die Nutzung von stickstoffreichen Brennstoffen nicht ausreicht. Das NOx-Minderungspotential ist nur mäßig, da im Betrieb der Luftüberschuss im Vorofen zu hoch und die Verweilzeit zu gering ist, um entstehende Stickoxidvorläufer zu reduzieren. Bei Einsatz stickstoffreicher Brennstoffe wird daher eine zusätzliche Reduktionsstufe und damit eine Aufteilung der Vorofenfeuerung in Entgasungs-, Reduktions- und Oxidationszone notwendig. Hierbei sollte darauf geachtet werden, dass es in der Entgasungszone zu einer möglichst hohen Freisetzung des Brennstoff-Stickstoffs in die Gasphase kommt. Die Freisetzung der Stickoxidvorläufer steigt dabei wie aus der Literatur bekannt mit der Temperatur an. Bei der Auslegung der Entgasungszone ist aber darauf zu achten, dass viele nicht-

holzartige Reststoffe durch niedrige Ascheschmelzpunkte charakterisiert sind und es daher bei zu hohen Temperaturen in der Entgasungszone zu Ascheanbackungen auf dem Rost kommen kann.

Die Integration einer Reduktionszone in der Vorofenfeuerung kann z. B. innerhalb des FLOX®-Brenners, d. h. durch Integration eines gestuften FLOX®-Brenners, realisiert werden. Um solch einen gestuften FLOX®-Brenner auszulegen, sind weitere Untersuchungen notwendig, um die optimalen Bedingungen hinsichtlich Stöchiometrie, Temperatur, Verweilzeit und Vermischung zu bestimmen und niedrige Schadstoffemissionen zu erzielen. Solch ein gestufter FLOX®-Brenner konnte jedoch nicht an der Vorofenfeuerung getestet werden, da die Qualität des Entgasungsgases zu gering war, um unterstöchiometrische Bedingungen in der ersten Stufe des Brenners gewährleisten zu können. Es ist aber davon auszugehen, dass in Anlagen mit einer größeren Feuerungsleistung bessere Entgasungsbedingungen erreicht werden können. An solch einer Anlage könnte ein gestufter FLOX®-Brenner dann experimentell untersucht und sein NOx-Minderungspotenzial für stickstoffreiche Brennstoffe bewertet werden.

Literatur

[1] Nationaler Biomasseaktionsplan für Deutschland - Beitrag der Biomasse für eine nachhaltige Energieversorgung. Bundesministerium für Umwelt, Naturschutz und Reaktorsicherheit (BMU) & Bundesministerium für Ernährung, Landwirtschaft und Verbraucherschutz (BMELV), Berlin, 29.04.2009

[2] T. Nussbaumer, J.E. Hustad: Overview of biomass combustion. Developments in thermochemical biomass conversion. Hrsg. A.V. Bridgewater, Chapman and Hall, UK, 1997, ISBN 0-7514-0350-4

[3] H. Hartmann: Klassifizierungsnorm und deren Konsequenzen. Strom und Wärme aus biogenen Festbrennstoffen, Salzburg, VDI-Bericht 1891, VDI-Gesellschaft, 2005, S. 39-48

[4] prCEN TS 14961: Feste Biobrennstoffe – Brennstoffspezifikationen und -klassen. Deutsches Institut für Normung, Beuth Verlag, Berlin, 2005

[5] J. Werther, M. Saenger, E.-U. Hartge, T. Ogada, Z. Siagi: Combustion of agricultural residues. Progr. in Energy and Comb. Sci. (26), 2000, S. 1-27

[6] R. Marutzky, K. Seeger: Energie aus Holz und anderer Biomasse - Grundlagen, Technik, Entsorgung, Recht. DRW-Verlag, Leinfelden-Echterdingen, 1999, ISBN 3-87181-347-8

[7] A. Vogel: Dezentrale Strom- und Wärmeerzeugung aus biogenen Festbrennstoffen. Eine technische und ökonomische Bewertung der Vergasung im Vergleich zur Verbrennung. Dissertation, Leipzig, 2007

[8] H. Hartmann: Verbrennungsverhalten und Emissionen bei der Nutzung von Getreidekörnern und Strohpellets als Brennstoff in Kleinfeuerungen. KTBL-Fachgespräch Energetische Nutzung von Getreide in Kleinfeuerungsanlagen, Petersberg-Almendorf, 2003, S. 10

[9] 1. Bundes-Immissionsschutzverordnung (1. BImSchV): Erste Verordnung zur Durchführung des Bundes-Immissionsschutzgesetzes.Verordnung über kleine und mittlere Feuerungsanlagen. Hrsg. Bundesrepublik Deutschland, Stand August 2003

[10] L. Calvalho, E. Wopienka, G. Eder, G. Fiedl, W. Haslinger, M. Wörgetter, H. Hofbauer: Emissions from Combustion of Agricultural Fuels – Results from Combustion Tests. 15th European Biomass Conference & Exhibition, Berlin, 2007, S. 1558-1563

[11] J. Wilken, A. Kather: Einsatz von Strohpellets und Energiegetreide in Kleinfeuerungsanlagen. VDI-Bericht 1988, 23. Deutscher Flammentag, Berlin, 2007, S. 463-468

[12] E. Wopienka, M. Schwabl, W. Emhofer, G. Fiedl, W. Haslinger, M. Wörgetter, R. Merkl, A. Weissinger: Straw Pellets Combustion in Small-Scale Boilers – Part 1: Emissions and Emission Reduction with a Novel Heat Exchanger Technology. 16th European Biomass Conference & Exhibition, Valencia, 2008, S. 1386-1392

[13] H. Hartmann, P. Turowski, P. Roßmann, F. Ellner-Schuberth, N. Hopf: Grain and Straw Combustion in Domestic Furnaces – Influences of Fuel Types and Fuel Pre-Treatment. 15th European Biomass Conference & Exhibition, Berlin, 2007, S. 1564-1569

[14] T. Hering, D. Peisker: Energetische Verwertung von Getreide und Halmgutpellets. Projektbericht FKZ 22008401, Thüringer Landesanstalt für Landwirtschaft, Jena, 2006

[15] R. Heidenreich, M. List: Verbrennung von Strohpellets und Getreidekörnern in kleinen Kesseln. KTBL-Fachgespräch Energetische Nutzung von Getreide in Kleinfeuerungs-anlagen, Petersberg-Almendorf, 2003, S. 11

[16] W. Eggersglüß: Energetische Nutzung von Getreide in Schleswig-Holstein. KTBL-Fachgespräch Energetische Nutzung von Getreide in Kleinfeuerungsanlagen, Petersberg-Almendorf, 2003, S. 15

[17] M. Rönnbäck, O. Arkelöv, L. Johansson, C. Tullin, F. Claesson: Methods to Reduce Sulphur Dioxide, Hydrogen Chloride and Particle Emissions from Small-Scale Combustion of Energy Grain. 15th European Biomass Conference & Exhibition, Berlin, 2007, S. 1540-1545

[18] P. Holmgard, A. el'Kholy: Biomassetechnologie in Heizkraftwerken in Dänemark. VGB Kraftwerkstechnik (73), Nr. 5, 1993, S. 429-432

[19] L.H. Sorensen: Straw-fired Combined Heat and Power Plant. Gülzower Fachgespräche Band 17: Energetische Nutzung von Stroh, Ganzpflanzengetreide und weiterer halmgutartiger Biomasse, 2001, S. 103-113

[20] S. Clausen, J.P. Jensen, O. Biede, O.H. Larsen: Measurement of the Dynamic Behaviour at Straw Combustion in a 100 MW Grate Fired Power Plant. 14th European Biomass Conference & Exhibition, Paris, 2005, S. 1374-1377

[21] R. Ramos, E. Borjabad, J.M. Morillo, A. Pascual, R. Bados: Biofuels Behaviour During the Combustion Process in a Moving Grate Boiler. 16th European Biomass Conference & Exhibition, Valencia, 2008, S. 1509-1513

[22] M. Hiltunen, V. Barisic, E. Coda Zabetta: Combustion of Different Types of Biomass in CFB Boilers. 16th European Biomass Conference & Exhibition, Valencia, 2008, S. 1337-1341

[23] A.R. Boersma, J.R. Pels, J.H. Reith: Thermal Conversion of Residues from Wheat Straw Fermentation for Production of Bioethanol. 15th European Biomass Conference & Exhibition, Berlin, 2007, S. 1442-1445

[24] D. Boström: Bench-Scale Fluidized Bed Combustion of Rapeseed Meal. 16th European Biomass Conference & Exhibition, Valencia, 2008, S. 1380-1385

[25] T. Hering: Stroh- und Ganzpflanzenverbrennung am Beispiel der Strohheizwerke Schkölen und Jena. Gülzower Fachgespräche Band 17: Energetische Nutzung von Stroh, Ganzpflanzengetreide und weiterer halmgutartiger Biomasse, 2001, S. 114-125

[26] Y.T.K. Jensen, J. Nihoj, L.D. Fenger: Development of Biomass Combustion Technology. 14th European Biomass Conference & Exhibition, Paris, 2005, S. 1123-1126

[27] M. Bohlar-Nordenkampf, F. Gartnar, I. Tschanun, S. Kaiser: Operating Experience from FBC-Plants using various Biomass Fuels. 14th European Biomass Conference & Exhibition, Paris, 2005, S. 1109-1112

[28] H.A.M. Knoef: Handbook of Biomass Gasification. BTG biomass technology group, Niederlande, 2005, ISBN 90-810068-1-9

[29] E. Dinjus, E. Henrich, M. Schingnitz: Syngas from the Gasification of Biomass Slurries – A Progress Report. 14th European Biomass Conference & Exhibition, Paris, 2005, S. 1663-1666

[30] K. Bienert: The status of the Choren Carbo V gasification. 2nd European Summer School on Renewable Motor Fuel, Warschau, 2007

[31] R. Bühler, P. Hasler: Stand und Entwicklung der Vergasungstechnik. VDI-Bericht 1319, VDI-Gesellschaft, 1997, S.81-107

[32] H. Hofbauer: Wirbelschichtvergasung – Stand der Technik. Int. Tagung Thermochemische Biomasse-Vergasung für Strom- und Kraftstoffgewinnung. Leipzig, 2007

[33] H. Hofbauer: Conversion Technologies – Gasification Overview. 15th European Biomass Conference & Exhibition, Berlin, 2007, S. 5-10

[34] K. Lundtorp: Operational Performance and new applications of the Harboore Updraft Gasification Technology. 3. Int. Anwenderkonferenz für Biomassevergasung, Stuttgart, 2009

[35] F. Dalimier: NOTAR Cellulosic Biomass Gasification. 2. Int. Anwenderkonferenz für Biomassevergasung, Stuttgart, 2008

[36] R. Bühler: Fixed Bed Gasification for Electricity Generation Application in Europe. Biomass Gasification and Pyrolysis-State of the Art and Future Prospects. Hrsg. M. Kaltschmitt und A.V. Bridgewater, CPL press, UK, 1997, ISBN 1-872691-71-4

[37] K. Stahl, M. Neergaard, P.A. Nilsson: Pressurized CFB Gasification – The Värnamo Plant. Biomass Gasification and Pyrolysis-State of the Art and Future Prospects. Hrsg. von M. Kaltschmitt und A.V. Bridgewater, CPL press, UK, 1997, ISBN 1-872691-71-4

[38] H. Hofbauer, C. Aichernig: Wirbelschichtvergasung auf Dampfbasis – Das Beispiel Güssing. Fachtagung Strom und Wärme aus biogenen Festbrennstoffen, Salzburg, VDI-Bericht 1891, VDI-Gesellschaft, 2005, S. 197-211

[39] B. Böcker-Riese: Pyroforce®-Technologie – das erfolgreiche Konzept - erste Erfahrungen. Fachtagung Strom und Wärme aus biogenen Festbrennstoffen, Salzburg, VDI-Bericht 2044, VDI-Gesellschaft, 2008, S.191-208

[40] J. Karl: Heatpipe-Reformer - Versuchsergebnisse und Entwicklungsstand. Int. Tagung Thermo-chemische Biomasse-Vergasung für Strom- und Kraftstoffgewinnung, Leipzig, 2007

[41] J. Ahrenfeldt: Two-Stage Gasification: Biomass gasification for an efficient provision of electricity and fuels – state of knowledge 2007. Int. Tagung Thermo-chemische Biomasse-Vergasung für Strom- und Kraftstoffgewinnung, Leipzig, 2007

[42] T. Dimova, C. Schmid, H.J. Mühlen: Der Blaue Turm – Stand der Verfahrenstechnik und Konzeption einer 10 MW Demonstrationsanlage. Tagungsbericht zur DGMK-Fachbereichstagung Energetische Nutzung von Biomassen, Velen, 2004, S. 153-160

[43] F. Lettner, P. Haselbacher, H. Timmerer, P. Leitner, Suyitno, B. Rasch: Latest results of CleanStGas – Clean Staged Biomass Gasification CHP. 15th European Biomass Conference & Exhibition, Berlin, 2007, S. 1035-1039

[44] E.P. Schenk, J. van Doorn, J.H.A. Kiel: Biomass Gasification in Fixed Bed and Fluidised Bed Reactors. Biomass Gasification and Pyrolysis-State of the Art and Future Prospects. Hrsg. von M. Kaltschmitt und A.V. Bridgewater, CPL press, UK, 1997, ISBN 1-872691-71-4

[45] H.V. Sridhar, G. Sridhar, S. Dasappa, N.K.S. Rajan, P.J. Paul: Experience of Using Various Biomass Briquettes in Biomass Gasifier. 14th European Biomass Conference & Exhibition, Paris, 2005, S. 749-752

[46] A. Bakhiet, A. Hiller, R. Wilhelm: Agricultural Residues Gasification in Fixed Bed Gasifier. 15th European Biomass Conference & Exhibition, Berlin, 2007, S. 989-994

[47] C.G. Sanchez, E.M.S. Sanchez, L. Aguiar, J. Arauzo, A. Gonzalo: Experimental Investigation of Orange Peel Gasification in a Bubbling Fluidized Bed. 15th European Biomass Conference & Exhibition, Berlin, 2007, S. 946-951

[48] R.G. Nielsen, P. Stoholm, M.B. Nielsen, N. Norholm, S. Antonsen, B. Sander, J. Krogh, U.B. Henriksen, B. Qvale: The LT-CFB Gasifier – First Test Results from the 500 kW Test Plant. 14th European Biomass Conference & Exhibition, Paris, 2005, S. 546-549

[49] P. Stoholm, J. Ahrenfeldt, U.B. Henriksen, A. Gomez, J. Krogh, R.G. Nielsen, B. Sander: The Low Temperature CFB Gasifier – 500 kW Test on Biogas Fibre Residue. 16th European Biomass Conference & Exhibition, Valencia, 2008, S. 720-723

[50] A. Kreuzeder, C. Pfeifer, G. Soukup, A. Cuadrat, H. Hofbauer: Increased Fuel Flexibility of Dual Fluidized-Bed Gasification Process. 15th European Biomass Conference & Exhibition, Berlin, 2007, S. 981-986

[51] G. Cerbe: Grundlagen der Gastechnik. Gasbeschaffung, Gasverteilung, Gasverwendung. Carl Hanser Verlag, München, 2008, ISBN 978-3-446-41352-8

[52] M. Kaltschmitt, H. Hartmann: Energie aus Biomasse. Grundlagen, Techniken und Verfahren. Springer Verlag, Berlin, 2001, ISBN 3-540-64853-4

[53] R. Albus, F. Burmeister: Biogaserzeugung – Verfahren, Gasbestandteile und Potenziale. 14. DVV-Kolloquium, Wien, 2004, Beitrags-Nr. 3

[54] G. Kesselmann, H. Roth: Steigerung des elektrischen Wirkungsgrades bei der Deponiegasverstromung durch den Einsatz von ORC-Anlagen. Neue Aspekte bei der Deponiegasnutzung: Innovation in Forschung und Verfahren (Trierer Berichte zur Abfallwirtschaft, Bd. 11), hrsg. von G. Rettenberg und R. Stegmann, Economica Verlag, Bonn, 1997, ISBN 3-87081-207-9

[55] P. Roberts: What are typical fuel gases used in integrated iron and steelwork? IFRF Online Combustion Handbook, File No. 100, 2003, ISSN 1607-9116

[56] J. Kolar: Stickstoffoxide und Luftreinhaltung. Grundlagen, Emissionen, Transmission, Immissionen, Wirkungen. Springer-Verlag, Berlin Heidelberg New York, 1990, ISBN 3-540-50935-6

[57] T. Nussbaumer: Schadstoffbildung bei der Verbrennung von Holz. Forschungsbericht Nr. 6, Laboratorium für Energiesysteme ETH Zürich, Juris Druck + Verlag Zürich, Zürich, 1989, ISBN 3-260-05241-0

[58] R. Keller: Primärmaßnahmen zur Stickoxidminderung bei der Verbrennung von Holz und Spanplatten. Fortschritt-Bericht VDI, Reihe 15, Nr. 129, VDI-Verlag, Düsseldorf, 1994, ISBN 3-18-312915-9

[59] P. Glarborg, A.D. Jensen, J.E. Johnsson: Fuel Nitrogen Conversion in Solid Fuel Fired Systems. Prog. Energy Combust. Sci. (29), 2003, S. 89-113

[60] A. Bandi: Gasreinigungsverfahren. Fachtagung “Regenerative Kraftstoffe”, Stuttgart, 2003, S. 51-55

[61] W. Köppel, S. Bajohr, F. Graf, R. Reimert: SNG aus Biomasse - Verfahrenstechnische Grundlagen und Herausforderungen. Gwf Gas/Erdgas (148), Nr. 2, 2007, S. 87-94

[62] A. C. Bose, K. M. Dannecker, J. O. L. Wendt: Coal Composition on Mechanisms Governing the Destruction of NO and Ohter Nitrogenous Species during Fuel-Rich Combustion. Energy & Fuel (2), 1988, S. 301-308

[63] J. Leppälahti, T. Koljonen: Nitrogen evolution from coal, peat and wood during gasification: Literature review. Fuel Proc. Techn. (43), 1995, S. 1-45

[64] A. Weissinger, T. Fleckl, I. Obernberger: In situ FT-IR spectroscopic investigations of species from biomass fuels in a laboratory-scale combustor: the release of nitrogenous species. Combustion and Flame (137), 2004, S. 403-417

[65] H. Boerrigter, H. Bodenstaff, R. W. A. Wilberink, J. Kuipers, M. Geusebroek: Pyrolysis of biomass and coal in a bubbling fluidized-bed reactor-fate of fuel-bond nitrogen. ECN report ECN-C--04-008, 2004

[66] J. Leppälahti: Formation of NH_3 and HCN in slow-heating-rate inert pyrolysis of peat, coal and bark. Fuel (74), 1995, S. 1363-1368

[67] L. L. Tan, C.-Z. Li: Formation of NOx and SOx precursors during pyrolysis of coal and biomass. Part I: Effects of reactor configuration on the determined yields of HCN and NH_3 during pyrolysis. Fuel (79), 2000, S. 1883-1889

[68] L. L. Tan, C.-Z. Li: Formation of NOx and SOx precursors during pyrolysis of coal and biomass. Part II: Effects of experimental conditions on the yields of NOx and SOx precursors from the pyrolysis of a Victorian brown coal. Fuel (79), 2000, S. 1891-1897

[69] C.-Z. Li, L. L. Tan: Formation of NOx and SOx precursors during pyrolysis of coal and biomass. Part III: Further discussion on the formation of HCN and NH_3 during pyrolysis. Fuel (79), 2000, S. 1899-1906

[70] F. Kluger, U. Greul, H. Spliethoff, K. R. G. Hein: Experimentelle Untersuchungen zur Freisetzung von C und N bei der Verbrennung von hoch- und mittelflüchtigen Steinkohlen. VDI-Bericht 1313, 18. Deutsch-Niederländischer Flammentag, Delft, 2007, S. 89-96

[71] K. M. Thomas: The release of nitrogen oxides during char combustion. Fuel (76), 1997, S. 457-473

[72] Y. Liu, D. Che: Release of NO and its precursors from coal combustion in a fixed bed. Fuel Proc. Techn. (87), 2006, S. 355-362

[73] F.-J. Tian, J. Yu, L. J. Mckenzie, J. Hayashi, T. Chiba, C.-Z. Li: Formation of NOx precursors during pyrolysis of coal and biomass. Part VII: Pyrolysis and gasification of cane trash with steam. Fuel (84), 2005, S. 371-376

[74] C. Storm, H. Rüdiger, H. Spliethoff, K. R. G: Hein: Co-pyrolysis of coal/biomass and coal/sewage sludge mixtures. Journal Eng. Gas Turbine Power Trans. ASME (121), 1999, S. 55-63

[75] G. Stubenberger, R. Scharler, I. Obernberger: Nitrogen release behavior of different biomass fuels under lab-scale and pilot-scale conditions. 15th European Biomass Conference & Exhibition, Berlin, 2007, S. 1412-1420

[76] K.-M. Hansson, J. Samuelsson, C. Tullin, L.-E. Amand: Formation of HNCO, HCN and NH3 from the pyrolysis of bark and nitrogen-containing model compounds. Combustion & Flame (137), 2004, S. 265-277

[77] H. Yang, R. Yan, H. Chen, C. Zheng, D. H. Lee, D. T. Liang: In-Depth Investigation of Biomass Pyrolysis Based on Three Major Components: Hemicellulose, Cellulose and Lignin. Energy & Fuels (20), 2006, S. 388-393

[78] H. Zhou, A. D. Jensen, P. Glarborg, A. Kavaliauskas: Formation and reduction of nitric oxide in fixed-bed combustion of straw. Fuel (85), 2006, S. 705-716

[79] M. Predel, W. Kaminsky: Pyrolysis of rape-seed in a fluidised-bed reactor. Bioresource Technology (66), 1998, S. 113-117

[80] M.J. Aho, J.P. Hämäläinen, J.L. Tummavuori: Importance of solid fuel properties to nitrogen oxide formation through HCN and NH_3 in small particle combustion. Combustion and Flame (95), Nr.1-2, 1993, S. 20-33

[81] S. C. Hill, L.D. Smoot: Modeling of nitrogen oxides formation and destruction in combustion systems. Prog. Energy Combust. Sci. (26), 2000, S. 417-458

[82] G. Baumbach: Luftreinhaltung. Springer-Verlag, Berlin Heidelberg, 1990, ISBN 3-540-52677-3

[83] J. O. L. Wendt, C. V. Sternling: Effect of ammonia in gaseous fuels on nitrogen oxide emissions. Journal of the Air Pollution Control Asscociation (24), 1974, S. 1055-1058

[84] P. Jansohn: Bildung und Abbau N-haltiger Verbindungen, insbesondere von HCN, NH_3 und NO in turbulenten Diffusionsflammen. Dissertation, Karlsruhe, 1991

[85] D. E. Foster, J. C. Keck: Factors affecting NOx formation from nitrogen-containing fuels. Combustion & Flame (38), 1980, S. 199-209

[86] R. F. Groß: Zur Kinetik homogener Gasphasenreaktionen nitroser Komponenten in Rauchgasen einer kohlebefeuerten Wirbelschicht. Dissertation, Aachen, 2002

[87] S. Schäfer: Stickoxidbildung über die Zwischenprodukte HCN und NH_3 bei der Verbrennung von Kohle. Dissertation, Essen, 1998

[88] S. Diezinger, P. Talukdar, F. von Issendorff, D. Trimis: Verbrennung von niederkalorischen Gasen in Porenbrennern. Gaswärme International (54), Nr. 3, 2005, S. 187-192

[89] A. Al-Halbouni, A. Giese: Einsatz von scale-up-Kriterien und numerische Simulation zur Aufstellung von Brennersystemen für schwachkalorige Gase. Gaswärme International (52), Nr. 6, 2003, S. 376-380

[90] A. Al-Halbouni, A. Giese, M. Flamme, J. G. Wünning, B. Michalski, V. Scherer: Neue Brennersysteme zur dezentralen Nutzung von schwachkalorigen Gasen in Mikro-Gasturbinen. VDI-Bericht 1750, 2003, S. 275-280

[91] A. Al-Halbouni, A. Giese, M. Flamme, M. Brune: Flameless oxidation and continued staged air combustion systems for gas turbines. Clean Air (5), 2004, S. 391-405

[92] V. Suphansomboon, P. Suvarnakuta, S. Patumsawad, S. Kerdsuwan: Investigation into low calorific value gas combustion with high temperature and low-oxygen concentration combustion air. 6th Int. Symposium on High Temperature Air Combustion and Gasification, Essen, 2005, Beitrags-Nr. 8

[93] R. Berger; M. Schmid., J.G. Wünning: Low-NOx Schwachgasverbrennung mit flammloser Oxidation. Gaswärme International (54), Nr. 6, 2005, S. 382-385

[94] A. Al-Halbouni, H. Rahms, A. Giese, U. Konold: Abschlussbericht über das Forschungsprojekt mit dem Aktenzeichen 22749-24/0, gefördert von der Deutschen Bundesstiftung Umwelt. Gaswärme-Institut e.V., Essen, 2008

[95] A. Al-Halbouni, H. Rahms, R. Giese: Development of a progressive combustion concept for low calorific gases from biomass gasification processes. 7th European Conference on Industrial Furnaces and Boilers, Porto, 2006, Beitrags-Nr. 41

[96] A. Al-Halbouni, H. Rahms, K. Görner, C. Fredriksson: New Burner Technology for Low Grade Biofuels. VDI-Bericht 1988, 23. Deutscher Flammtag, Berlin, 2007, S. 455-461

[97] N. Schopf: Schadstoffarme Weiterverwertung heizwertarmer Brennstoffe bei Anwendung in der Stahlindustrie. Gaswärme International (54), Nr. 6, 2005, S. 386-389

[98] N. Schopf: Einsatz von Ersatzbrennstoffen in Kombination mit Gas bei industriellen Feuerungsanlagen. Gaswärme International (55), Nr. 3, 2006, S. 173-176

[99] F. Durst, A. Kesting, S. Mößbauer, K. Pickenäcker, O. Pickenäcker, D. Trimis: Der Porenbrenner – Konzept, Technik und Anwendungsgebiete. Gaswärme International (46), Nr. 6, 1997, S. 300-307

[100] F. Durst, A. Kesting, S. Mößbauer, K. Pickenäcker, O. Pickenäcker, A.-U. Rolle, D. Trimis, K. Wawrzinek, M. Keppler: Porenbrenner in der Energie- und Wärmetechnik. Bulletin SEV/VSE 21/98, S. 11-18

[101] S. Voß, Z. Al-Hamamre, D. Trimis: Charakterisierung des Emissionsverhaltens und der Verbrennungsstabilität von Schwach- und Mittelgasen in Porenbrennern. Gaswärme International (56), Nr. 3, 2007, S. 200-204

[102] D. R. Hardesty, F. J. Weinberg: Burner producing large excess enthalpies. Combustion Science and Technology, Nr. 8, 1974, S. 201-214

[103] H. Tsuji, A. K. Gupta, T. Hasegawa, M.Katsuki, K. Kishimoto, M. Morita: High Temperature Air Combustion - From Energy Conservation to Pollution Reduction. CRC Press LLC, Florida, 2003, ISBN 0-8493-1036-9

[104] A. Cavaliere, M. de Joannon: MILD Combustion. Progress in Energy and Combustion Science (30), Nr. 4, 2004, S. 329-366

[105] Europäische Patentanmeldung 0463218

[106] C. Bruce, T. Robertson, J. N. Newby: A review of the development and commercial application of LNI technique. 4th Int. Symposium on High Temperature Air Combustion and Gasification, Rom, 2001, Beitrags-Nr. 11

[107] A. Cavaliere, M. de Joannon, R. Ragucci: Physical and chemical aspects of the mild combustion - Examples related to gas turbine combustion. 4th Int. Symposium on High Temperature Air Combustion and Gasification, Rom, 2001, Beitrags-Nr. 26

[108] J. G. Wünning, A. Milani: Handbuch der Brennertechnik für Industrieöfen. Grundlagen, Brennertechniken, Anwendungen. Vulkan-Verlag GmbH, Essen, 2007, ISBN 978-3-8027-2938-6

[109] J. A. Wünning, J. G. Wünning: Brenner für die flammlose Oxidation mit geringer NO-Bildung auch bei höchster Luftvorwärmung. Gaswärme International (41), Nr. 10, 1992, S. 438-444

[110] J. G. Wünning: Flammlose Oxidation von Brennstoff. Dissertation, Aachen, 1996

[111] J. G. Wünning: Flammlose Oxidation von Brennstoff mit hochvorgewärmter Luft. Chemie Ingenieur Technik (63), Nr. 12, 1991, S. 1243-1245

[112] J. A. Wünning, J. G. Wünning: Ten years of flameless oxidation: Technical applications and potentials. 4th Int. Symposium on High Temperature Air Combustion and Gasification, Rom, 2001, Beitrags-Nr. 1

[113] O. Piepers, P. P. Breithaupt, A. B. N. van Beelen: Stability of flames close to autoignition temperatures generated by extreme separated gas-air inlets. Journal of Energy Resources Technology (123), 2001, S. 50-58

[114] T. Plessing, N. Peters, J. G. Wünning: Laseroptische Untersuchungen der flammlosen Oxidation mittels zweidimensionaler Rayleighthermometrie und OH-LIPF. VDI-Bericht 1313, 18. Deutsch-Niederländischer Flammentag, Delft, 1997, S. 537-542

[115] R. Weber, J. P. Smart, W. vd Kamp: On the (MILD) combustion of gaseous, liquid and solid fuels in high temperature preheated air. Proceedings of the Combustion Institute (30), 2005, S. 2623-2629

[116] M. Mancini, R. Weber, U. Bollettini: Predicting NOx emissions of a burner operated in flameless oxidation mode. Proceedings of the Combustion Institute, Nr. 29, 2002, S. 1155-1163

[117] C. Galletti, A. Parente, L. Tognotti: CFD simulations of MILD combustion. ECCOMAS Thematic Conference on Computational Combustion, Lisabon, 2005

[118] F. Donatini, M. Schiavetti, G. Gigliucci, P. Gheri, M. Monticelli, R. Mangione, A. Paulozza, J. Riccardi: CFD simulation and experimental tests on a natural gas/hydrogen mixture-fired flameless combustor. ECCOMAS Thematic Conference on Computational Combustion 2005, Lisabon, 2005

[119] I. O. Awosope, F. C. Lockwood: Prediction of Combustion and NOx emission characteristics of flameless oxidation combustion. IFRF Combustion Journal, 06/2005, Artikel-Nr. 200501

[120] R. Weber, A. L. Verlaan, S. Orsino, N. J. Lallemant: On emerging furnace design methodology that provides substantial energy savings and drastic reductions in CO_2, CO and NOx emissions. J. Inst. Energy (72), 1999, S. 77-83

[121] J. P. Kim, U. Schnell, G. Scheffknecht: Numerical modelling of flameless combustion for natural gas. 7th European Conference on Industrial Furnaces and Boilers, Porto, 2006, Beitrags-Nr. 79

[122] A. Brink, M. Hupa, E. Kurkela, M. Suomalainen: Minimizing NOx emission from a waste derived fuel gasifier gas combustor using CFD combined with detailed Chemistry. IFRF Combustion Journal, 09/2005, Artikel-Nr. 200505

[123] A. Villani, A. Effuggi, M. Derudi, R. Rota : Mild combustion of hydrogen containing fuels. 6th Int. Symposium on High Temperature Air Combustion and Gasification, Essen, 2005, Beitrags-Nr. 5

[124] K. Telger, W. Roth: Betriebserfahrungen beim Einsatz von Brennern mit flammloser Oxidation. Gaswärme International (44), Nr. 7/8, 1995, S. 332-337

[125] A. Milani, A. Saponaro: Diluted combustion technology. IFRF Combustion Journal, 02/2001, Artikel-Nr. 200101

[126] U. Bonnet, K. Telger: Schnellerwärmung von Stahlband mittels direkter Beheizung im Düsenfeld. Gaswärme International (54), Nr. 6, 2005, S. 374-376

[127] M. Flamme, J. Haep: Möglichkeiten zur Minderung der NOx-Bildung im Bereich der Glasindustrie. Gaswärme International (43), Nr. 9, 1994, S. 419-422

[128] A. Scherello, U. Kobold, G. Schwarz, B. Köster: Application of flameless oxidation in glass melting furnaces. 6th Int. Symposium on High Temperature Air Combustion and Gasification, Essen, 2005, Beitrags-Nr. 22

[129] J. G. Wünning: Flammlose Oxidation für Reformer. Chemie Ingenieur Technik (74), Nr. 11, 2002, S. 1606-1609

[130] N. Shimo: Fundamental research of oil combustion with highly preheated air. 2nd International Seminar on High Temperature Combustion, Stockholm, 2000, Beitrags-Nr. 22

[131] S. Orsino, M. Tamura, P. Stabat, S. Constantini, O. Prado, R. Weber: Excess enthalpy combustion of coal. IFRF research report, 01/2000, Dokument Nr. F46/y/3

[132] T. Suda, M. Takafuji, T. Hirata, M. Yoshino, J. Sato: A Study of combustion behaviour of pulverized coal in high-temperature air. Proceedings of the Combustion Institute, Nr. 29, 2002, S. 503-509

[133] Fielenbach, C. et. al.: NOx-Minderung bei der Kohlenstaubverbrennung in der DKSF-Anlage Aachen durch hohe Abgasrezirkulationsraten. 21. Deutscher Flammentag, Cottbus, 2003, S. 79-86

[134] S. Löhr, M. Kretschmann, S. Wirtz, V. Scherer: NOx-Reduction for pulverized coal combustion by flameless oxidation. 6th Int. Symposium on High Temperature Air Combustion and Gasification, Essen, 2005, Beitrags-Nr. 6

[135] VDI 2461-2: Messung gasförmiger Immissionen; Messen der Ammoniak-Konzentration. Blatt 2: NESSLER-Verfahren. Ausg. Mai 1974, Hrsg. Verein Deutscher Ingenieure, Beuth-Verlag, Berlin, 1974

[136] DIN 38406-5: Bestimmung des Ammonium-Stickstoffs (E5). Ausg. Okt. 1983, Hrsg. DIN Deutsches Institut für Normung, Beuth-Verlag, Berlin, 1983

[137] DIN 51718: Prüfung fester Brennstoffe - Bestimmung des Wassergehaltes und der Analysenfeuchtigkeit. Ausg. Juni 2002, Hrsg. DIN Deutsches Institut für Normung, Beuth-Verlag, Berlin, 2002

[138] DIN 51719: Prüfung fester Brennstoffe - Bestimmung des Aschegehaltes. Ausg. Juli 1997, Hrsg. DIN Deutsches Institut für Normung, Beuth-Verlag, Berlin, 1997

[139] DIN 51720: Prüfung fester Brennstoffe - Bestimmung des Gehaltes an Flüchtigen Bestandteilen. Ausg. März 2001, Hrsg. DIN Deutsches Institut für Normung, Beuth-Verlag, Berlin, 2001

[140] DIN 51900-1: Prüfung fester und flüssiger Brennstoffe - Bestimmung des Brennwertes mit dem Bomben-Kalorimeter und Berechnung des Heizwertes. Teil 1: Allgemeine Angaben, Grundgeräte, Grundverfahren. Ausg. April 2000, Hrsg. DIN Deutsches Institut für Normung, Beuth-Verlag, Berlin, 2000

[141] DIN 51900-3: Prüfung fester und flüssiger Brennstoffe - Bestimmung des Brennwertes mit dem Bomben-Kalorimeter und Berechnung des Heizwertes, Teil 3: Verfahren mit adiabatischem Mantel. Ausg. Jan. 2005, Hrsg. DIN Deutsches Institut für Normung, Beuth-Verlag, Berlin, 2005

[142] DIN 51727: Prüfung fester Brennstoffe - Bestimmung des Chlorgehaltes. Ausg. Juni 2001, Hrsg. DIN Deutsches Institut für Normung, Beuth-Verlag, Berlin, 2001

[143] ASTM D1857: Standard test method for fusibility of coal and coke ash. Ausg. April 1987, Hrsg. Amercian Society for Testing and Materials, 2004

[144] DIN 51730: Prüfung fester Brennstoffe – Bestimmung des Asche-Schmelzverhaltens. Ausg. Sept. 2007, Hrsg. DIN Deutsches Institut für Normung, Beuth-Verlag, Berlin, 2007

[145] DIN 51729-10: Prüfung fester Brennstoffe – Bestimmung der chemischen Zusammensetzung von Brennstoffasche. Teil 10: Röntgenfluoreszenzmethode (RFA). Ausg. Mai 1996, Hrsg. DIN Deutsches Institut für Normung, Beuth-Verlag, Berlin, 1996

[146] DIN EN ISO 5167-3: Durchflussmessung von Fluiden mit Drosselgeräten in voll durchströmten Leitungen mit Kreisquerschnitten. Teil 3: Düsen und Venturidüsen Ausg. Jan. 2004, Hrsg. DIN Deutsches Institut für Normung, Beuth-Verlag, Berlin, 2004

[147] F. Brandt: Brennstoffe und Verbrennungsrechnung. Fachverband Dampfkessel-, Behälter- und Rohrleitungsbau e.V., 3. Aufl., Vulkan-Verlag, Essen, 1999, ISBN 3-8027-5801-3

[148] VDI 4660-1: Umrechnung spezifischer Emissionen bei der Energieumwandlung. Ausg. April 2000, Hrsg. Verein Deutscher Ingenieure, Beuth-Verlag, Berlin, 2000

[149] DIN 4702-1: Heizkessel, Teil 1: Begriffe, Anforderungen, Prüfung, Kennzeichnung. Ausg. März 1990, Hrsg. DIN Deutsches Institut für Normung, Beuth-Verlag, Berlin, 1990

[150] DIN 1319-1: Grundlagen der Messtechnik. Teil 1: Grundbegriffe. Ausg. Jan. 1995, Hrsg. DIN Deutsches Institut für Normung, Beuth-Verlag, Berlin, 1995

[151] W. H. H. Gränicher: Messung beendet - was nun? Einführung und Nachschlagewerk für die Planung und Auswertung von Messungen. 2. überarb. Aufl., vdf Hochschulverlag an der ETH Zürich, Stuttgart: Teubner, 1996, ISBN 3-519-13659-7 (Teubner)

[152] K. Glaser: Methoden der Qualitätssicherung bei der Messung von Luftverunreinigungen bei Feldexperimenten. Dissertation, IVD, Universität Stuttgart, 2001

[153] N. Weichert: Messtechnik und Messdatenerfassung. 1. Aufl., Oldenbourg Wissenschaftsverlag GmbH, München, Wien, 2000, ISBN 3-486-25102-3

[154] P. J. Coelho, N. Peters: Numerical simulations of a MILD combustion burner. Combustion and Flame, Nr. 124, 2001, S. 503-518

[155] A. Schuster, M. Zieba, G. Scheffknecht: Application of FLOX technology for the utilisation of low-grade biofuels. 15th European Biomass Conference & Exhibition, Berlin, 2007, S.1703-1706

[156] U. Schnell: Wirkungsgradoptimierte Kraftwerkstechnologie zur Stromerzeugung aus fossilen Brennstoffen – Anforderungen, Verfahrenskonzepte, Modellbildung und Simulation. Fortschritt-Bericht VDI, Reihe 6, Nr. 389, VDI-Verlag, Düsseldorf, 1998, ISBN 3-18-338906-1

[157] R. Schneider: Beitrag zur numerischen Berechnung dreidimensional reagierender Strömungen in industriellen Brennkammern. Fortschritt-Bericht VDI, Reihe 6, Nr. 385, VDI-Verlag, Düsseldorf, 1997, ISBN 3-18-338506-6

[158] K. Görner: Technische Verbrennungssysteme – Grundlagen, Modellbildung, Simulation. Springer-Verlag, Berlin Heidelberg, 1991, ISBN 3-540-53947-6

[159] J. Ströhle: Spectral modelling of radiative heat transfer in industrial furnaces. Doktorarbeit, IVD, Universität Stuttgart, 2002

[160] S. Richter: Numerische Simulation der Flugaschedeposition in kohlestaubgefeuerten Dampferzeugern. Dissertation, IVD, Universität Stuttgart, 2002

[161] T. Sabel: Betriebsoptimierung von Kohlekraftwerksfeuerungen durch Experiment und Simulation. Dissertation, IVD, Universität Stuttgart, 2004

[162] S. Unterberger: In-furnace measurements and mathematical simulation studies for the optimisation of small scale wood combustion systems. Dissertation, IVD, Universität Stuttgart, 2005

[163] H. Knaus, S. Richter, S. Unterberger, U. Schnell, H. Maier, K.R.G. Hein: On the application of different turbulence models for the computation of fluid flow and combustion processes in small scale wood heaters. Experimental Thermal and Fluid Science, Nr. 21, 2000, S. 99-108

Anhang

Anhang A: Brennstoffdaten
Anhang B: Brennerdesign
Anhang C: Charakterisierung Produktgas

Anhang A: Brennstoffdaten

Tabelle A 1: RF-Analyse der Brennstoffaschen (DIN 51 729-10) nach Laborveraschung der Brennstoffe bei 550 °C (DIN 51719)

	Holzhack-schnitzel	**Rapskuchen-pellets**	**Weizen-pellets**	**Weizen-spelzen**
Siliziumoxid (SiO_2), %	17,7	n. b. < 1,2	3,4	13,0
Aluminiumoxid (AlO_3), %	2,8	n. b. < 0,5	0,5	0,6
Kalziumoxid (CaO), %	31,6	15,7	27,5	4,5
Magnesiumoxid (MgO), %	6,0	12,3	7,2	10,6
Kaliumoxid (K_2O), %	17,5	24,3	17,4	29,4
Natriumoxid (Na_2O), %	0,74	n. b. < 0,4	1,6	n. b. < 0,4
Eisenoxid (Fe_2O_3), %	1,3	n. b. < 0,4	0,5	0,5
Phosphorpentoxid (P_2O_5), %	3,1	37,4	27,2	38,3
Titanoxid (TiO_2), %	n. b. < 0,3	n. b. < 0,3	n. b. < 0,3	n. b. < 0,3
Mangan (Mn), %	2,1	0,12	0,15	0,17

n. b. nicht bestimmbar

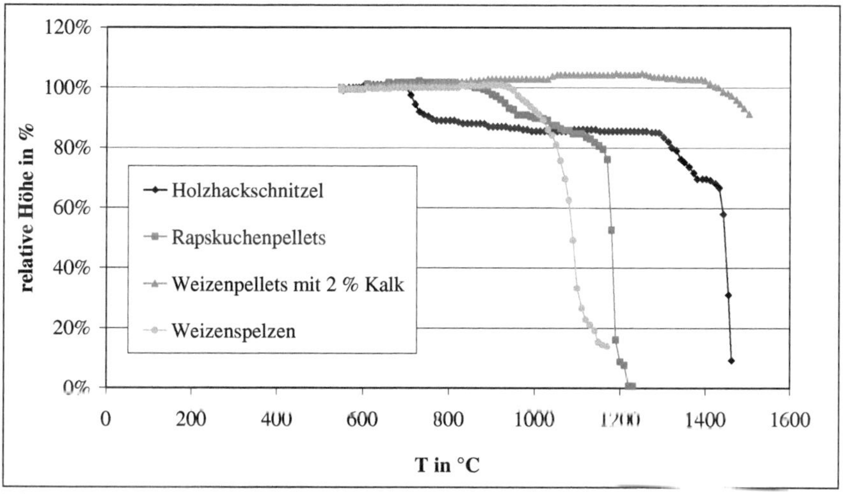

Bild A 1: Ascheschmelzverhalten der eingesetzten Brennstoffe

Tabelle A 2: Temperaturwerte aus Ascheschmelzverhalten

Brennstoff	**ET**	**ST**	**FT**
		in °C	
Holzhackschnitzel	710	1440	1450
Rapskuchenpellets	910	1180	1190
Weizenpellets	1350	> 1500	> 1500
Weizenspelzen	970	1090	1130

ET Erweichungstemperatur (95 % Ausgangshöhe von Probenkörper)

ST Softening Temperature (50 % Ausgangshöhe von Probenkörper)

FT Fließtemperatur (20 % Ausgangshöhe von Probenkörper)

Anhang B: Brennerdesign

Tabelle B 1: Zusammensetzung des Produktgases aus Holzhackschnitzeln (Maximalwerte)

H_2	CH_4	O_2	CO	Rest	Hu
		Vol-%$_{tr}$			MJ/m$^3_{i.N.}$
3,07	1,64	3,65	7,60	84,04	2,01

Tabelle B 2: Berechnung der Düsendurchmesser des Brenners

Holzhackschnitzel	$\dot{Q}_{BS}$	kW	120
	Hu	MJ/kg	14,52
	$\dot{M}_{BS}$	kg/h	29,75
	Wasser	Ma-%	13,06
	Asche	Ma-%	0,35
	C	Ma-%	42,67
	H	Ma-%	8,14
	N	Ma-%	0
	S	Ma-%	0
	O	Ma-%	35,77
Brenngas	T_{Gas}	°C	950
	$\dot{V}_{BG}$	m$^3_{i.N.}$/h	153,0
	$\dot{V}_{BG}$ (@ T_{Gas})	m^3/h	627,7
Verbrennungsluft	T_{Luft}	°C	600
	$\dot{V}_{Luft,min}$	m$^3_{i.N.}$/h	35,7
	λ	-	1,3
	$\dot{V}_{Luft}$	m$^3_{i.N.}$/h	47,0
	$\dot{V}_{Luft}$ (@ T_{Luft})	m^3/h	137,7
FLOX®-Betrieb	u_{Gas}	m/s	20
	u_{Luft}	m/s	100
Brennerdüsen	Anzahl Düsen	-	8
	d_{Gas}	mm	35,8
	d_{Luft}	mm	8,2

Anhang C: Charakterisierung Produktgas

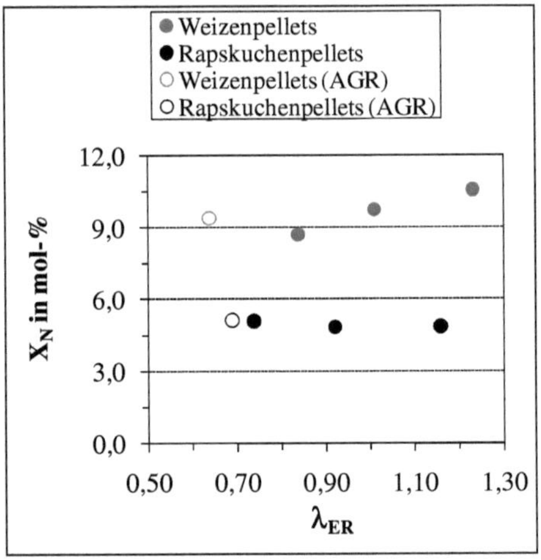

Bild C 1: Konversion von Brennstoff-Stickstoff zu NO in Abhängigkeit von der Luftzahl im Vorofen bei der Verbrennung von Weizenpellets und Rapskuchenpellets mit und ohne Abgasrezirkulation (AGR)